進化論の最前線

池田清彦
Ikeda Kiyohiko

インターナショナル新書　002

まえがき

私たちは進化のことを、まだ理解できていない

私たち人間は有史以来、たくさんのことを学び、様々な物理法則や生命の謎を解き明かしてきました。古代の人たちと現代人の知識量を比べると、我々のほうがはるかに多くのことを知っているのは間違いありません。しかし、いまだ解明できていない現象が数多く存在しているのも、紛れもない事実です。

その代表的なものとして、「生物の進化」が挙げられます。日本では進化という言葉が、ごく当たり前のように日常的に使われるようになりました。しかし、ゲームや漫画などで、一つの個体が新しい能力を獲得することを進化と言ったり、新しい商品のキャッチコピーに「進化した○○」という文言が使われたりするなど、進化の正しい意味が理解されていないと感じることがよくあります。

進化とは一言で言ってしまえば、「生物が世代を継続して変化していくこと」です。従って、もし一つの個体が新しい能力を獲得したとしても、その性質が子や孫といった次の世代の個体に伝わっていかなければ、それは進化とは呼べないのです。

このような話をすると驚かれるかもしれませんが、実は進化のプロセスを合理的に説明する科学的な理論というものは、いまだに存在していません。もちろん、皆さんはダーウィンの示した「進化論」の存在を知っているはずです。ダーウィンの進化論は様々な修正が加えられ、現在はネオダーウィニズムとして受け継がれています。しかし、生物を研究していくと、ネオダーウィニズムでは説明できない事柄が実にたくさん出てくるのです。このあたりのことは、後でゆっくりとお話ししていきたいと思います。

人類がさらなる変化を遂げる可能性

私たちが進化について学ぶ大きな動機は、人類が出現してきた道筋を知ること——つまり、「私たちはどこから来たのか」を解明することです。進化の道筋を知ることができれば、「私たちの未来はどうなるのか」といったことも予測できるかもしれません。

人類は哺乳類の中でも高度に特化した生体システムをもっていますので、今さら生物学的な進化が起こるということは、あまり考えられません。しかし、様々な技術を開発することによって、生物学的な進化とは別の変化を遂げる可能性は高いと考えられます。

現在「ブレイン・マシン・インターフェイス（ＢＭＩ）」という、脳からの信号を受信して機械を操作するプログラムや機器の開発が進められています。このＢＭＩの技術を使えば、脳波などを読み取ることで脚を前後に動かすことのできる義足や、指を閉じたり開いたりできる義手をつくることも可能です。また、視力を失った人の目にデジタルカメラなどに使われているＣＣＤ（電荷結合素子）を埋め込み、それを脳とつなげることで視力を回復させる人工網膜などの開発も進められています。

さらに、これは研究段階の話ですが、生きたサルの脳と離れた場所にあるロボットとをつなげて、サルが行動したとおりにロボットを動かすという実験にも成功しています。このような技術の進歩を目の当たりにすると、そのうち体のほとんどが機械に置き換わったサイボーグのような人間が現れても不思議ではありません。

人間の脳の中にある情報をロボットに移植するという話は、ＳＦ映画や漫画などではよく扱われる題材です。そのような夢物語は、少し前までは遠い未来のお話にしか感じられませんでしたが、今や十数年後には現実化していてもおかしくない時代になってきました。

ただ、そうなってくると私たちが抱いている「生命の概念」自体も、大きく変わってくるでしょう。

例えばロボットそのものは機械ですが、もし人間の脳の情報を移植したロボットを壊した時に問われる罪状は器物損壊なのか、それとも殺人なのか。近い将来、そのような新しい問題が生まれてきてもおかしくはありません。

医療に関しても同じようなことが考えられるでしょう。本書の第四章では「ゲノム編集」について触れています。中国やアメリカでは、ゲノム編集によってがん細胞を攻撃する能力を高めたT細胞（リンパ球の一種）を人体に注入する遺伝子治療の臨床試験が、もう間もなく始められようとしています。遺伝子治療自体は、二〇一五年まででも、すでに二〇〇〇件以上施されていますが、ゲノム編集によって遺伝子を思いどおりに操作することができるようになれば、この流れは加速していくに違いありません。

また、この先医療がさらに発達してくれば、当然のことながら人間の寿命も延びてくるでしょう。例えば、最近開発された抗がん剤である免疫チェックポイント阻害剤「ニボルマブ（商品名オプジーボ）」は、今まで治療するのが難しかった末期非小細胞《ひしょうさいぼう》肺がんや末期の悪性黒色腫などに有効であるとして、たいへん話題になりました。この薬は免疫細胞であるT細胞の免疫能力を強化して、がん細胞を攻撃します。治験はアメリカで二〇〇六年、日本で二〇〇八年から始まり、アメリカでの結果は二〇一二年に公表されました。それによると、末期のがん患者二九六人に約半年間投与したところ、悪性黒色腫、肺がん、腎臓がんの患者の二〜三割でがんの縮小が認められたということです。この革命的ながん治療薬のお陰で延命できる人は、今後たくさん出てくると思われます。

「人間とは何か」を見直すことが、これからの時代には求められる

私たちは今後、テクノロジーや医療の発展が人間の生活や社会を大きく変えてしまうことに、より自覚的になる必要があります。人間と技術のよりよい関係を築くためにも、「人間とは何か」を見直すことが、これからの時代には求められるのです。

現代人は、社会を変革するような新しい技術が登場すると、それを喜んで迎え入れます。しかし、技術によって社会が急激に変化すると、次には当然その環境へうまく適応できるかどうかといった問題が発生してくるはずです。これは地球に生まれた生物が、様々な環境の変化に適応してきた歴史とよく似た状況と考えることができます。今後、さらにテクノロジーや医療が発展していくのは間違いありませんので、その意味でも「生命とは何か」

「進化とは何か」「人間とは何か」について深く考えることが、私たちにとって重要となってくるでしょう。

ただし進化については、主流の考えであるネオダーウィニズムでは解決できていない疑問が、いまだ数多く残されています。それに代わる理論も、まだまだいろいろな説が入り乱れているというのが現状です。本書では、そういった進化について「わかっていること」と「まだわかっていないこと」を明らかにしながら、一九世紀を生きたファーブルのダーウィン進化論批判から、iPS細胞やゲノム編集といった最先端の生物研究、生物の体はどのように形成されるのか、人間が大きな脳を獲得した遺伝的要因、そして人類の未来までを、皆さんと共に考えていきたいと思います。

目次

第七章 人類の進化

あとがき

第一章　ダーウィンとファーブル

ネオダーウィニズムは、時代によって考え方が少しずつ変化している

地球に最初の生物が誕生したのは、今からおよそ三八億年前です。その後、生命は長い時間をかけ、繁栄と絶滅を繰り返しながら進化してきました。進化の方向性を概観すると、「生物のそれぞれの種は、単純な原始生物から次第に複雑な現在の形に変化してきた」と言えるでしょう。生物の形態は不変ではなく、長い期間をかけて徐々に変化してきました。現在見られる様々な生物は、すべてその進化の過程から生まれてきたのです。原初の単純な形態から、現在の複雑な形に変化したメカニズムを説明する理論を「進化論」と言います。

進化論という言葉を聞くと、ほとんどの人はチャールズ・ダーウィン（一八〇九〜八二年）の名前を思い浮かべるでしょう。ダーウィンは一八五九年に『種の起源（On the Origin of Species）』を著し、人類に進化という概念を示した人物です。しかし現在主流になっている進化論の学説は、ダーウィンが提唱したものとは少し異なっています。現在の進化生物学の標準理論と考えられているのは、ダーウィンの自然選択説と、グレゴール・ヨハン・メンデル（一八二二〜八四年）の遺伝学説を中心に、いくつかのアイデアを融合させた学説で、これは「ネオダーウィニズム」と呼ばれています。

そのネオダーウィニズムも、時代によって考え方が少しずつ変化していますが、その根

幹となる概念は変わっていません。その中核をなす考えは、「偶然起こる遺伝子の突然変異が、自然選択によって集団の中に浸透していくことで、生物は進化していく」というものです。

自然選択説とは何か

生物がもつ形や性質を「形質」と言います。遺伝とは、この形質が親から子、子から孫へと受け継がれていく現象です。そして遺伝情報を担っている中心的な高分子化合物がDNA（デオキシリボ核酸）で、遺伝情報はアデニン（A）、チミン（T）、グアニン（G）、シトシン（C）という四種類の塩基の配列として刻まれています。

遺伝子とは素朴には「遺伝形質を規定する因子」のことですが、具体的にはタンパク質のつくり方の情報をもっているDNAの特定領域を指しています。DNAの塩基配列が乱れたり、変化したりすると、その部分の遺伝子に変異が生じ、生物の形質が多少なりとも変わる（ことがあります）。ネオダーウィニズムでは「このようなDNAの変異は偶発的に起こる」と考えるのです。

普通の生物は、オスとメスにより有性生殖を行います。この有性生殖によって、オスとメスの遺伝子が混ざり合い、多様な遺伝子の組み合わせをもつ子どもが数多く生まれてくるのです。そして、その膨大な数の子どもの中から、生息環境に最も適した遺伝子をもつ個体がより多く生き残っていく。このような過程を何世代も続けることで、環境に適した遺伝子をもった個体がどんどん増えていきます。これが自然選択です。

しかし、ネオダーウィニズムは、いくつもの問題点を抱えています。例えば、ネオダーウィニズムを信じる人たちは、長い間「遺伝子と形質は、一対一で対応している」と暗黙裡《り》に考えていました。遺伝子と発現形質が、実際に一対一で対応していれば何の問題もないのですが、現実はそう簡単ではありません。

仮に、生物の一つの形質を発現させるのに「五つの遺伝子」がかかわっていたとしましょう。その場合、着目している形質は五つの遺伝子の働きが連動することで、初めて発現することになります。つまり、五つの遺伝子のどれか一つでも働かなくなれば、形質の発現が阻害される可能性も考えられるのです。また、一つの遺伝子が複数の形質の発現に関与していることもあります。

確かに遺伝子には、タンパク質をつくるための情報が刻まれています。しかし、一つの遺伝子の有無だけを気にしていても、着目している形質の発現について説明することは、なかなかできません。生物の形質の発現は個々の遺伝子というよりも、複数の遺伝子の発現調節ネットワークや発生環境によって決まってくるのです。

自然選択と突然変異だけでは、大きな進化は起こらない

これまで単に進化と表現してきましたが、進化という概念は「小進化」と「大進化」の二つに大きく分けられます。小進化というのは、種の枠組みの中で起こる小さな変化です。一方、大進化は種の枠を超えるような、大きな変化のことを言います。そして、小進化のほうは遺伝子の変異と自然選択によっておおむね説明することができるのですが、大進化の場合はそう単純にはいきません。

多くの人は、「ネオダーウィニズムは、新しい種ができる仕組みを論じたものである」という印象をもっています。しかし、実のところネオダーウィニズムは、種の枠組みを超えるような大進化がどうして起こるのかを解明できていないのです。

ネオダーウィニズムという学説の大きな柱は「突然変異」と「自然選択」ですが、遺伝子にどれほどの変異が起こったとしても、大進化が起きるという保証はありません。つまり、「自然選択」と「突然変異」だけで新種ができるということは、確定的な科学的事実

ではないのです。

一九七〇年代あたりから、人類は遺伝子を操作する技術を手に入れ、遺伝子組み換え実験を行ってきました。この実験が始まった当初は、多くの学者が「地球上に存在しないような、すごい生物ができるかもしれない」と思っていました。遺伝子が生物の形を決めているのであれば、人工的に遺伝子を操作することで、とんでもない生物がつくられても不思議ではないと考えられていたからです。

バクテリアの遺伝子組み換え実験も、初期の頃は専用の施設をつくり、消毒をし、防護服まで着用するというような、非常に厳密な環境のもとで行われていました。しかし、遺伝子組み換え技術では現在のところ、種を飛び越えるような大きな変異を起こすことはできません。

「遺伝子を組み換えただけでは、生物が大きく変化することはない」という理解が徐々に進んでくると、やがて日常に近い環境下でも遺伝子組み換え実験が行われるようになりました。このような事実に直面して以降、「自然選択と突然変異だけでは、大きな進化は起きないのではないか」という疑問が生じてきたのです。

ネオダーウィニズムで解くことができない問題

ほとんどのネオダーウィニズムの信奉者と同じように、生物学者以外の方たちも「生物の形質には、必ず適応的な意味がある」と考えがちです。しかし生物の体には、「いったい何の役に立っているのかわからない」ものが数多く存在しています。

例えば人間の場合、「耳たぶには、音を集める役割がある」と言われていますが、実際にどの程度役に立っているのかは、よくわかっていません。さらに、人間にとって最大の問題の一つである「人類の体毛はなぜ薄いのか」ということも、いまだ謎のままです。

大部分の哺乳類は、皮膚が毛で覆われています。これは「体温を保持するため」と考えられていますが、なぜか人間は髪の毛以外の体毛が極端に薄い。体毛が薄いことは、環境に対して適応的とは言えません。ネオダーウィニズムの信奉者は、このことを自然選択で説明しようとしていますが、どれもうまくいってはいないのです。

なかには「人間は海辺で進化したので、体毛が薄いんだ」と主張する、とんでもない人まで現れました。確かに、クジラやイルカのような海で生活する哺乳類には、体毛がほとんどありません。しかし、クジラは厚い脂肪層という「毛がなくても体温を保持する仕組み」をもっています。人間にはクジラのような厚い脂肪層がありませんので、もし海辺で生活していたら、体温が低下してすぐに死んでしまうでしょう。同じ海生哺乳類でも、アシカやオットセイ、ラッコなどのように海中と陸上を行き来する動物の体は、体毛でしっかりと覆われています。

さらに地球の歴史を振り返ってみると、更新世《こうしんせい》（現在＝完新世《かんしんせい》の一つ前の地質時代区分。二五八万～一万一七〇〇年前）だけに限ってみても、「氷期」と「間氷期」が五万年から一〇万年周期で繰り返されていることがわかっています。間氷期とは、氷期と氷期の間の比較的温暖な時期のことです。そして、「あと数万年もしたら、また氷期が到来するのではないか」と考えられています。だとすると、人間も体毛があったほうが有利なはずですが、ネオダーウィニズムの自然選択説は、このような非適応的な形質について、現在のところほとんど説明できていないのです。

ネオダーウィニズムは、動物の擬態に関しても説明できない

動物の擬態に関しても、ネオダーウィニズムは説明することができません。擬態とは広義には隠蔽色や保護色を含みますが、狭義には「無毒な動物が自己防衛のために、体の色や形などを有毒な動物に似せること」を意味しています。普通は「天敵に捕食されにくい

ように有毒種に擬態することで、それらの生物は生き残ってきた」と考えてしまいがちですが、事はそんなに単純ではありません。

例えば、「ツマグロヒョウモン」というチョウのメスは、「カバマダラ」というチョウに擬態します。ツマグロヒョウモンのメスは、毒をもつカバマダラに擬態することで、鳥などの外敵から身を守っていると説明されます。しかし、そうなると次には「なぜこのチョウは、メスだけしか擬態しないのか」という疑問が湧いてくるはずです。

ごく素朴には、「生物にとってはメスのほうが大事だから、メスしか擬態しないのだ」と考えられていました。実際、「たくさんの個体が同じモデルに擬態しては、その効果が薄れる。だから、種にとって重要なメスだけが擬態するようになったのだ」と説明すれば、多くの人たちは納得するかもしれません。

しかしネオダーウィニズムの理論は、「個体のもつ遺伝子が生存に有利であれば、この遺伝子は個体群中で優勢になっていく」というものです。つまり、ある個体が生き延びるためには、他の個体よりも環境に適応していなくてはなりません。だとすると、ネオダーウィニズムの理論からは〝「種が生き延びる」ためには有利であっても、「個体が生き延びる」ために不利なこと〟が起こるはずはないのです。

擬態して鳥に食べられにくくなるのであれば、当然、メスだけではなくオスも擬態をしたほうが有利になります。そうなると、理論上擬態するオスが増えていくでしょうから、種にとって有利ではなくとも、最終的にはすべての個体が擬態するようになるはずです。しかし、現実の世界はそのような状況にはなっていません。

また、ネオダーウィニズムの支持者は進化の実例として、よく「オオシモフリエダシャク」という蛾の「工業暗化」の話をもち出します。かつて、イギリスのマンチェスターに生息していたオオシモフリエダシャク（日本にも同じ種がいる）は、翅《はね》が白っぽい個体がほとんどでした。この蛾は、留まっている木の幹についている地衣類の色に似ていたので、保護色により鳥などの天敵から身を守っていると考えられていました。

しかし、一九世紀後半になると、環境汚染により地衣類が枯れ出し、白いオオシモフリエダシャクはかえって目立つようになります。すると、今度は鳥に食べられやすくなり、結果として突然変異によって生じた黒い蛾の個体数が、徐々に増えてきたというのです。

このオオシモフリエダシャクの工業暗化には、「煤《すす》に汚染された葉を食べることにより、蛾が黒くなるのではないか」とか、「そもそもこの蛾は、昼間は木の幹に留まらない」との反論もあり、実際のところ「自然選択の結果、工業暗化が起きた」かどうかは定かではありません。しかし、たとえ自然選択の結果だとしても、このような小さな変化の積み重ねで、種を超えるような進化を引き起こすことができるのかは、はなはだ疑問です。さらに最近は環境の浄化が進んで、再び白い蛾が増加して、黒い蛾が減ってきていると言われています。

「まえがき」でも記しましたが、進化とは生物の形質の変化が世代をまたいで受け継がれることです。その中で重要なのは、後戻りのできない「不可逆的な変化」です。それに対して、オオシモフリエダシャクの工業暗化は、一度変化が起こっても条件が変わるとまた元に戻ってしまうので「可逆的な変化」と言えます。このような可逆的な変化の例を進化の一般的なモデルとして使うのは、無理があると言わざるをえないでしょう。

ファーブルの進化論批判

生物の進化は形態的な側面からのみ論じられがちですが、生物、特に動物を大きく特徴づけるものに「行動」があります。動物は誰からも教わっていないにもかかわらず、一定の条件のもとでは必ず発動されるように見える行動を取ることがあり、そのような行為は「本能行動」と呼ばれています。

ダーウィンは、本能行動を学習や思考などによるものではなく、外部から受ける刺激によって引き起こされる反射が複雑に組み合わさったものだと考えました。そして、体のつくりなどとともに、本能行動もまた自然選択によって保存され進化してきたと主張したのです。

そのダーウィンと同時代を生きた研究者に、『昆虫記』を記したジャン゠アンリ・ファーブル（一八二三〜一九一五年）がいます。「偉大なる枚挙主義者」と言えるファーブルは、現在で言う動物行動学や動物生態学に属する分野の研究を行った人物です。南フランスの貧農の子として生まれたファーブルは、昆虫個体の行動や生態を記録することに情熱を注ぎ続けました。

昆虫の生態を記録し続けたファーブルの勤勉さはもちろんですが、彼の感心する点はそれだけではありません。なんとファーブルは、当時「最先端の理論」として注目されていた進化論に、果敢に戦いを挑んでいたのです。彼はたくさんの狩りバチの仲間を観察し、それぞれの種のエサが極端に特殊化していることや、獲物を狩る方法が驚くほど的確であることを記録しています。そして、その行動記録をもとに進化論を批判したのでした。

アラメジガバチの狩り

例えば『昆虫記』の第二巻では、アラメジガバチの狩りについて詳しく記述しています。アラメジガバチは、ヨトウムシをエサとする狩りバチの一種です。ヨトウムシとはヨトウガの仲間の幼虫で、幼虫とはいえ力が強いのでアラメジガバチはヨトウムシの体に毒針を刺して昏睡《こんすい》状態にしてから巣にもち帰ります。この時、アラメジガバチはヨトウムシの硬い体節ではなく、体節と体節の間の軟らかい部分に針を正確に刺しているのです。

このような習性をもつ狩りバチは、アラメジガバチだけではありません。タマムシツチスガリやコブツチスガリといった狩りバチたちも、それぞれ獲物となるタマムシ類やゾウムシ類へ毒針を正確に刺して狩りを行います。

狩りバチたちのこれらの行動は、生まれながらに身につけている本能で、誰に教わったわけでもありません。ファーブルは『昆虫記』の第二巻で、その狩りバチの本能の獲得に絡めて進化論の批判を展開しました。

ダーウィンの進化論では本能の獲得も偶然で、たまたま子孫を繁栄させるのに都合のいい習性を手に入れた狩りバチが生じたことになります。その習性は遺伝によって子孫に伝わることで広まっていったと説明しました。しかし、ファーブルは『率直なところ、この理論では、偶然というものにいささか頼りすぎている、と私は思う」（奥本大三郎訳『ファーブル昆虫記』第二巻上一〇六ページ／集英社）と、進化論者の考え方を否定したのです。

進化論の考えに従えば、技術を習得していない狩りバチは獲物の体を手当たり次第に刺さなければなりません。そうなると狩りバチが獲物を刺す場所は、無限に近い数になります。では、いったいどのようにして、その中から望むような効果のある場所を見つけ出すことができるというのでしょうか。

ファーブルは、「もし、偶然の結果うまくいったのであったとすれば、それが起こるためにはどれほどの組み合わせが必要だったのであろう。すべての可能性が実際に起きるのに、どれほどの時間が必要なことであろうか」（前掲書第二巻上一〇六ページ）と疑問を呈しています。そして、以下のように結論づけました。

あなた方はなおもいう。アラメジガバチは一挙に現在の外科手術に到達したのではない。ハチは何回もの試みと、訓練により、いくつもの段階を経て少しずつ上達してきたのだ。淘汰によって選《え》り分けられ、へたなものはふるい落とされ、じょうずなものが残された。そうして一頭のハチの能力に、遺伝によって伝えられた先祖からの能力が加えられて、今日知られているような本能が、しだいに発達してきたのである、と。

この議論は間違っている。段階的に発達していく本能などありえないことは明らかだ。幼虫の食料を準備する能力は名人のものであって、見習いなどには許されない。狩りバチは最初からこの技術に秀でているか、そうでなければこのような方法に手をつけてはならないのである。

（前掲書第二巻上一〇七～一〇八ページ）

ダーウィンは「生物は徐々に進化していく」と主張しましたが、そうなると「完璧な狩りの方法を習得した昆虫」よりも先に、「中途半端な腕前をもった中間点の昆虫」が存在しなくてはなりません。そこでファーブルは、「そのような中途半端な腕前では相手をしとめることができないので、その生物は絶滅してしまう」と批判したのです。

ファーブルとダーウィンの交流

では、進化論を批判したファーブルと、進化論の提唱者であるダーウィンは仲が悪かったのでしょうか。実は、ファーブルとダーウィンは手紙を通じて交流を行っていました。

そしてダーウィンは、ファーブルのことを「類い稀な観察者」と呼び、大いに敬意を表していたのです。一方のファーブルも『昆虫記』第二巻に、「私は彼の進化論を信じることができないのだけれど、彼の人格の高潔さと、学者としての誠実さに対する私の深い敬意は、それによっていささかも減ずるものではない」（前掲書第二巻上一九九ページ）と記しています。

ファーブルには、ただ単に昆虫を観察するというだけでなく、実験家としての一面もありました。人工的に様々な状況を設定した実験を行うことによって、昆虫の生態や行動を理解しようとしていたのです。彼は昆虫を使って数々の実験を行いました。その中で、特にダーウィンと関係が深いのが、ヌリハナバチを捕らえ、巣から四キロメートル離れた場所で放すという実験です。その模様を『昆虫記』第一巻で以下のように記しています。

まず最初に私は、セリニャンからほど遠からぬエーグ川の河原の、小石の巣で働いている二頭のカベヌリハナバチを捕えた。それからオランジュのわが家に運び、印をつけてから放してやった。参謀本部の八万分の一の地図で見ると、この二点の間は直線距離にして約四キロメートルある。虜にしたハチを釈放したのは、夕方、このハチが一日の仕事を終えるころであった。だから二頭のハチはこの近所で夜を過ごすことになるであろう。

（前掲書第一巻下二二八ページ／集英社）

そして翌朝、ファーブルが捕らえたハチの巣のあるところまで行って観察していると、チョークで印をつけたハチが戻ってきたのです。ファーブルはその時の様子を、みずみずしい筆致で綴《つづ》っています。

麦の大波を越え、イワオウギでバラ色になった野を越え、このハチは四キロメートルを飛び越えてきた。そうしていま、巣に帰ってきたのだ。帰り道では蜜をあさってきた。けなげなこのハチが、腹部を花粉でまっ黄色にしているのでそれがわかる。地平線のかなたから自分の巣に戻ってくるとは実に素晴らしいことであるし、体の毛に花粉をいっぱいつけてくるとは、労力の経済性から言ってもこれ以上の働きはない。ハチにとって旅をするということは、たとえそれが他から強制されたものであっても、常に蜜や花粉を収穫するための遠征なのである。

（前掲書第一巻下二二九ページ）

その観察記録を読んだダーウィンは深い感銘を受け、そしてファーブルにヌリハナバチを放す前に方向感覚を完全に狂わせてしまう実験を提案したのでした。その提案を受けて、ファーブルも実際に実験を行ってみました。

最初は、手にもったハチを放す前にわざと逆方向へ歩いたり、ハチを小さな容器の中に入れて回転させてみたりして、方向感覚を狂わそうとしたのですが、三〇～四〇パーセントほどのハチが巣まで戻ってきてしまい、うまくいきませんでした。

ファーブルからの結果報告を受けたダーウィンは、最終的に磁化させた針金をハチの背中にくっつけることを提案します。ファーブルはこの提案に対し、「これはあいかわらずハチを一種の磁針と見なす考え方である。ハチが巣に帰るときには、地磁気に導かれているというわけである」（前掲書第二巻上二二九ページ）と少し反発を感じながらも、言われたとおり実験することにしました。

そしてファーブルが、磁化させた針金を絆創膏《ばんそうこう》でハチの背中に貼りつけて、ハチを放してみたところ、ハチは必死に暴れ回ったというのです。ファーブルはハチのあまりの混乱ぶりを目の当たりにして、何が起こっているのか確かめたくなり、今度は針金の代わりに「わら」を貼りつけました。すると、ハチは針金をつけた時と同じように地面を転がり、暴れ回ったそうです。

この結果、ファーブルは針金の磁石もわらもハチにとっては邪魔なものなので、取り払おうとしたのだと理解しました。そして、「磁石を用いての実験は不可能だ。もしハチがいうとおりになってくれたら、どんな結果があらわれるか。私の考えでは、いかなる結果も出ないだろう。巣に戻るときに、磁石は藁しべ以上の影響力をもたないだろうと思われる」（前掲書第二巻上二三二ページ）と結論づけたのです。

しかし、この結論は本当に正しいのでしょうか。現在、渡り鳥、伝書鳩《でんしょばと》、ハチ、シロアリといった生きものたちには、脳に地磁気を感じるための特殊な器官があることが知られています。ヌリハナバチが暴れてしまったのは、ファーブルの実験のやり方がよくなかったからでした。ファーブルは観察に固執するあまり、本質を見誤ってしまうことがありましたが、これもその一つと言えます。

実はダーウィンは、ハチの背中に磁石をつける実験を提案する前に、「ハチを誘導コイルの中に置き、ハチがもしかするともっているかもしれない磁性、あるいは反磁性の感覚を狂わせてみたらどうでしょうか」という提案をしています。しかしファーブルは、「私の村には科学設備がなにもない」ということを理由に、この提案を受け入れませんでした。

そのため、ダーウィンが代案として示したのが、磁石をハチの背中に貼りつけるという方法だったのです。もし、ファーブルがダーウィンの提案を素直に受け入れて、誘導コイルを使った実験を行っていたら、もう少し違う結果になっていたかもしれません。

ファーブルの鋭い洞察力

ファーブルが好んで観察した狩りバチは、どれもエサが特殊化していて、極めて狭いグループの昆虫やクモしか食べません。ファーブルは、「生物が進化してきたというなら、なぜ、エサを特殊化するという不合理なことをするのか」という疑問をもっていました。何でも食べる雑食性のほうが、エサが豊富で生き残る確率が上がるのではないかと考えたのです。

この観察結果も、ファーブルが進化論を信じなかった理由の一つとなっています。ただ、この論理は現代の生物学者から見れば、やはり本質から少し外れていると言わざるをえないでしょう。

すべての動物がもっている能力には限りがあります。それはエサを探したり、消化したりする能力も同じです。エサを特殊化させた動物は、数少ないエサを探し出し、消化する能力を磨き上げます。つまり、そのエサを食べることに関しては、他の動物を寄せつけない能力を獲得することができるのです。だからファーブルが主張するように、「雑食性の動物のほうが、エサを特殊化させた動物よりも常に有利になる」とは一概には言えません。

ファーブルの展開した進化論批判は、現代の視点で見るとおかしな点も少なからず見受けられます。しかし、ファーブルは様々な昆虫の観察から、進化論の根本的な弱点を見抜いていました。それ自体は、ファーブルの鋭い洞察力の賜物《たまもの》だと言えるでしょう。

現代進化論の主流派であるネオダーウィニストたちは、一九世紀を生きたファーブルの批判すら正面から論破できる理論をいまだに見つけられていません。進化については、現在の生物学の知識で説明できない現象が数多く存在しているのです。

ファーブルが観察に基づいた考えから、ダーウィンの進化論を攻撃する大きなきっかけとなった本能行動のメカニズムを、現在の生物学はまだ解明するに至ってはいません。昆虫の極めて精緻な行動だけでなく、サケが生まれた川に帰って産卵することなど、本能行動は多くの動物で認められている現象です。これらの本能行動はプログラムとして、遺伝的に刷り込まれたものであると考えられています。

しかし、その詳細に関しては、今のところまったくわかっていないのが現状です。DN

Aそのものに本能行動を規定する遺伝子が刻み込まれているとすれば、何らかのタンパク質がつくられ、生物に本能行動をするように促しているはずですが、そのような遺伝子は特定されていません。

先に紹介した狩りバチの習性など、本能行動には実に複雑なものが多いので、タンパク質をつくる以外の方法で子や孫へと伝えられている可能性もあります。しかし、人類はそれら動物の複雑なプログラムについて、分子生物学的に説明する方法をまだ手にしていないのです。

解明されていない事実には目を瞑《つむ》り、自分たちが理解できる知識だけで、物事のすべてを説明しようという態度は、「知的怠惰」と言わざるをえません。次章からは、進化論の歴史や進化発生生物学について、また「ゲノム編集」などの遺伝子改変技術がどこまで進歩しているのかといったことを説明しながら、進化についてまだわかっていないことを解説していきたいと思います。

第二章　進化論の歴史

ヨーロッパの知的世界を二〇〇〇年近く支配してきたアリストテレス

なぜ、これほどの問題点を抱えながらも、ネオダーウィニズムは多くの人たちに支持されるのか――ここからしばらくは、ネオダーウィニズムがどのように成立し、広まってきたのかという「進化論の歴史」を振り返っていくことにしましょう。

学校などでの教育の結果、現代に暮らす私たちは「生物は進化する」ということを、当たり前だと思っています。しかし、一八世紀の終わり頃までは、人々の頭の中には、生物が進化するという概念はまったくありませんでした。昔の人たちが生物に対してもっていた疑問は、なぜ進化するのかということではなく、なぜこんなに多くの種類が存在するのかということだったのです。

例えば、西洋文明の礎《いしずえ》を築いた古代ギリシャには、ソクラテス（紀元前四六九年頃～紀元前三九九年）、プラトン（紀元前四二七～紀元前三四七年）、アリストテレス（紀元前三八四～紀元前三二二年）という有名な三人の哲学者がいました。プラトンはソクラテスの弟子で、アリストテレスはプラトンの弟子と、この三人は師弟関係でつながっています。その三人の中でも特にアリストテレスは、自然学的な著作を多数残し、現在の自然科学の基礎を形づくったと言える人物です。

彼は生物にも大いに興味を示し、「生物の中には、親の体からではなく無生物（物質）から生まれるものがある」という自然発生説を支持していました。ミツバチやホタルは親以外にも草の露から発生し、ウナギ・エビ・タコ・イカなどは海底の泥から生まれるということを、自著『動物誌』や『動物発生論』に記しています。

アリストテレスの説は「生物は個体レベルでは自然発生する」ことを主張しているのであって、生物が世代を継続して徐々に変化していく進化については触れていません。このアリストテレスの考え方は、ヨーロッパの知的世界を二〇〇〇年近く支配します。実際、一七世紀までは「寄生虫は腐肉から自然に発生する」と考えられていましたし、ネズミもボロ布に腐った牛乳をしみ込ませておくと、その中から勝手に生まれてくると信じられていたのです。

生物の進化は長い時間をかけて行われるので、人間が生きている時間の流れの中では、誰も確認することができません。従って、進化という概念がずっと生まれてこなかったのも、仕方のないことでした。

キュヴィエの天変地異説

その考えが変化してきたのは、一八世紀の終わり頃です。この頃、フランスでは墓地不足の問題が浮上していました。死者を埋葬する墓地が不足してしまったことから、パリでは六〇〇万人分もの人骨を地下採石場に移す作業が行われました。移された人骨は、「カタコンブ・ド・パリ（Catacombes de Paris）」と呼ばれる世界最大のカタコンベ（地下墓地）の中に、現在も残っています。

その移設作業中、地下採石場から変わった動物の化石が出土しました。この化石を熱心に集めたのが、パリの自然史博物館に勤務していたジョルジュ・キュヴィエ（一七六九～一八三二年）です。キュヴィエは化石動物を研究して、比較解剖学を打ち立てるとともに古生物学の基礎を確立した人物として知られています。

比較解剖学者で古生物学者のキュヴィエは、様々な動物の形態や機能をつぶさに観察し、「すべての生物は脊椎動物、軟体動物、関節動物、放射動物の四グループに分けることができる」と主張しました。ちなみに、関節動物とは現在の分類だと節足動物に該当します。また放射動物とは、ウニやヒトデといった棘皮《きょくひ》動物のことです。キュヴィエは、この四つのグループはお互いにまったく関係なく、独立したグループであると考えました。つまり、

「すべての生物は共通祖先から進化した」という現在の生物学とは異なる考えを示したのです。

地下採石場から出土した化石を調べたキュヴィエは、「古代に存在していた動物は、現在の動物と大きく違っている」ことに気がつきました。現代の生物学者であれば当然、「昔の動物が徐々に進化していき、現在の動物になっていった」と考えるでしょう。しかし、キュヴィエの時代には、進化という概念自体がありません。

そこでキュヴィエは、「天変地異が起きたことにより、古代の動物がすべて滅び、神様が新しく現在の動物を創ったのだ」と考えました。キュヴィエは化石から現在の生物への連続性を見出すことができなかったので、「天変地異説」を唱えたわけです。

世界初の進化論者

しかし、このキュヴィエの考えに納得しない人たちもいました。その代表的な人物が、キュヴィエの同僚として自然史博物館で働いていた、博物学者のジャン＝バティスト・ラマルク（一七四四〜一八二九年）です。彼は一八世紀末から一九世紀初頭にかけて活躍した博物学者で、最初は植物を熱心に研究しましたが、のちに自然史博物館で昆虫の研究を行い、無脊椎動物の専門家となりました。

キュヴィエやラマルクの時代になると、「ネズミは自然発生する」という説を信じる人は、もうほとんどいませんでした。しかし、「微生物の自然発生」については賛否両論が渦巻いており、ラマルクも微生物の自然発生を擁護する形で理論を展開していきます。つまり、「微生物は常に自然発生しており、その自然発生した下等な生物が直線的に高等生物になっていく」と捉えていたのです。

ここで言う下等な生物とは、ゾウリムシやミドリムシといったものたちで、ラマルクはそれらが自然発生して、その後、魚類や鳥類、哺乳類などの高等な動物になっていくと主張しました。自然界はそのような内在的な力に満ちており、「どのような生物も、徐々に高等なものに向かっていく」と考えたのです。

これがラマルクの考えた第一原理です。ラマルクのこの考えが正しければ、生物は下等から高等へと直線的に並ぶはずです。しかし、実際にはどちらが下等か高等か判然としない生物が、世の中にはたくさん存在します。ラマルクはこの矛盾を説明するために、第二原理の「用不用説」と「獲得形質の遺伝」を考えました。これについては後述します。

ラマルクはこの自らの考えを、『動物哲学』という本にまとめました。しかし、ラマルクの説には実証的なデータがなかったので、当時の大立者であるキュヴィエには相手にされませんでした。ただ、ラマルクは生物の多様性を、世代を継続しての変化という概念で説明しようとしたので、ある意味「世界初の進化論者」と言うことができるでしょう。

もう一人の「自然選択説」の提唱者

人類史上最も有名な進化論者であるダーウィンは、一八〇九年二月一二日に、イングランド西部のシュルーズベリーの裕福な医師の家に生まれました。一八〇九年は、奇しくもラマルクが『動物哲学』を出版した年です。ダーウィンは家業の医者を継ぐためにエディンバラ大学に進学しました。しかし、医者には向いていなかったようで、その後父親の勧めに従って、神学を学ぶためにケンブリッジ大学に入学し直します。しかし、ケンブリッジ大学でも、ダーウィンはあまり熱心に勉強をしていなかったようです。

大学卒業後、実家に戻っていた一八三一年に、ダーウィンの人生を変えるような出来事が起こりました。ケンブリッジ大学のジョン・スティーヴンス・ヘンズロー教授から、ビーグル号乗船の誘いを受けたのです。ダーウィンは反対する父親を説得し、ビーグル号に乗り込みました。そしてダーウィンは、この旅での体験を通して「自然選択説」という考えにたどり着くのでした。

この自然選択説について、ダーウィンは著書としてまとめる以前から、いろいろな人たちに口頭で説明していました。すぐに著書として出版しなかったのは、まだ理論が完成しておらず、もう少し証拠を集めてから大著を書こうとしていたからだと言われています。ところが、そうこうしているうちに、自然選択説を思いついたという別の人物が現れました。イギリスの博物学者アルフレッド・ラッセル・ウォレス（一八二三〜一九一三年）です。

ウォレスはイギリスの中流階級の家庭で育ちました。ただ、社会的地位こそ低くはありませんでしたが、生活は貧しかったようです。生物好きのウォレスは、アマゾン川流域やマレー諸島などの生物相を広範囲にわたって調査し、インドネシアの生物の分布を東洋区とオーストラリア区という二つの異なった地域に分ける境界線（ウォレスにちなんで「ウォレス線」と呼ばれる）を提唱したことで知られています。

ウォレスは、マレー諸島で昆虫をはじめとする様々な生物の標本を集めていた時に、自然選択説を考えつきました。そして、その考えを手紙に書き、一八五八年にテルナテ島からダーウィンの元へと送ったのです。

この手紙を読んだダーウィンは自分の説とよく似た理論が書かれていたことに驚き、急いで友人に相談しました。その結果、ウォレスの論文とダーウィンの未発表の論考が、一八五八年七月にロンドン・リンネ協会で同時に発表されました。この時ウォレスはマレー諸島に滞在中で、ダーウィンも家庭の事情で、共にその席にはいませんでした。その翌年、ダーウィンは構想していた大著をコンパクトにまとめて刊行します。その本が、かの有名な『種の起源』なのです。

ダーウィンとウォレスの共通点

実は、ダーウィンとウォレスの二人にはいくつかの共通点があります。まず、二人ともイギリスの経済学者トマス・ロバート・マルサス（一七六六～一八三四年）の記した『人口論』を読んでいたということです。『人口論』には、「人類の人口は、生産される食料によって制限される」ということが書かれています。ダーウィンが自然選択説を構築する際、この『人口論』が大きな役割を果たしたことは非常に有名な話ですが、実はウォレスもこの本に影響を受けていたのです。

また、二人ともナチュラリストで、海外で長期間の調査を行い様々な生物と出会ったことも共通しています。

さらに、ダーウィンはガラパゴス諸島を訪れ、同じ種類の動物でも島によって微妙な違いがあることを見出しましたが、同じようなことをウォレスもマレー諸島で経験しています。ウォレスとダーウィンが、ほぼ同時期に自然選択説を考えついたのは偶然なのかもしれませんが、自然選択説を考えついた二人が同様な経験をしていたというのは、たいへん興味深いことです。

『種の起源』は、どのような本か

一八五九年に出版された『種の起源』は、発売と同時に当時のベストセラーとなりました。ただ、この本は非常に変わった本でした。何しろ、タイトルに『種の起源』とあるのに、「生物はどのようにして生まれたか」という生物の起源に関しては、まったく触れられていないのです。そこには、「生物は徐々に変化していく」ということしか書かれていません。「生物が変化する理由」は自然選択で説明できることを、多くの例を挙げて記述しています。

先述したラマルクの「下等な動物が、徐々に高等な動物になっていく」という考え方からは、「直線的な進化」の道筋を描くことができます。また、彼の理論によれば、「一番高等なものが最初に地球上で生まれて、ゾウリムシのような下等な生物はつい最近生まれた」ということになる。つまり、地球上で最初に生まれたのは人間で、サルも時間が経てば人間へと進化するというのです。

それに対してダーウィンの自然選択説は、「たくさん生まれた多少違いのある個体のうち、たまたま環境に適応したものほど生き延びる確率が高くなる」ということを言っています。変異の積み重ねによって、生物は適応的な形をした別の種へと、徐々に変化していく——つまり、「同じ種から出発しても、どのような生物に進化するのかは、その時の環境によって左右される」と考えたのです。

例えば、もともと一緒に棲んでいた動物たちが、大きな谷や川などによって分断されてしまうと、生活環境の異なる二つの集団ができることになります。すると、もともと同じ種であったとしても、何世代にもわたって変異が蓄積していった結果、別の種へと変化することがあるというわけです。

ダーウィンが『種の起源』で述べているのは基本的にはこれだけで、なぜ生物に変異が起きるのかということにはまったく触れていません。もちろん種の起源についても言及してはおらず、ただひたすらに自然選択について書いているだけです。

なお、この『種の起源』は第六版まで改訂されています。一八七二年に出版された第六版では、「自然淘汰の理論に対する種々の反論」という章が新たに挿入されています。第一章でも触れましたが、ファーブルは著書『昆虫記』で、ダーウィンの進化論についての反論を書いています。その『昆虫記』が出版されたのは、一八七九年です。

『種の起源』を刊行した一八五九年以来、ダーウィンは各方面からの様々な批判や反論に答える形で改訂を重ねてきました。しかし、『昆虫記』が出版されて以降、『種の起源』が新たに改訂されることはなく、ファーブルの反論に対しての記述が加えられることはありませんでした。その後ダーウィンは、一八八一年にダーウィン版『昆虫記』と呼ぶべき遺作『ミミズの作用による肥沃土の形成およびミミズの習性の観察』を出版した翌年の四月一九日に死去し、ロンドンのウェストミンスター寺院に埋葬されました。

自然選択説の大前提

自然選択説の大前提は、生物が子どもをたくさん産むところにあります。生物は常に死の危険にさらされています。そのような状況で自分の子孫を残すためには、多くの子どもを産まなくてはなりません。偶然の出来事や事故などで死んでしまうものも多いですが、一般的にはうまく環境に適応できた個体ほど、生き延びる確率が高くなります。

この多産の他に、自然選択説にはもう一つ大きな前提があります。それは、「生物には変異がある」ということです。生物に変異がなければ、どの個体もまったく同じものになるので、生物が進化することはありえません。

実際、同じ親から生まれた個体でも、形態や行動パターンが少しずつ異なります。環境に適応する特徴を保持している個体ほど、生き残る確率は高くなるはずです。一方、非適応的な個体は生き延びる確率が低いので、次第に淘汰《とうた》されていきます。このような変化が何世代にもわたって蓄積されることで、生物はより環境に適応していくと考えたのです。

メンデルの遺伝の法則

オーストリア・ブリュンの司祭だったメンデルが「遺伝の法則」を発表したのは、ダーウィンが『種の起源』を出版した六年後の一八六五年のことです。この遺伝の法則は、のちに「メンデルの法則」として世界中で知らない人がいないほど有名な理論となりますが、メンデルが生きている間は誰からも見向きもされませんでした。

現在のチェコにある小さな村で生まれたメンデルは、オルミュッツ大学で二年間学んだ後、聖アウグスチノ修道会に入会し、ブリュンの修道院に所属しました。当時のブリュンの修道院では、学術研究が盛んに行われていました。メンデルはその修道院で独学で学術を学び、また一八五一年にはウィーン大学への留学も果たしています。

二年間のウィーン留学から帰ってきた後、メンデルは修道院の庭で様々な品種のエンドウマメの交雑実験を始めました。その実験の結果から「何らかの実体（エレメント）が、形質を決定し、この実体は遺伝する」という考えに至ったのでした。この「何らかの実体」というのが、現在の遺伝子に相当します。メンデルはこのことを、「植物雑種に関する研究」という論文として発表しましたが、掲載されたのが『ブリュンの自然科学協会会報』という田舎のマイナーな雑誌だったので、それほど多くの人の目に触れることはありませんでした。

メンデルは自分の理論を認めてもらおうと、当時の有力な遺伝学者であったカール・ネーゲリ（一八一七～九一年）に論文を送っています。しかし、メンデルの研究は、ネーゲリの目には例外的なもののように映ったのでしょう。結局、メンデルの論文はネーゲリから無視され、長く日の目を見ることはありませんでした。

ところが、メンデルの論文が一九〇〇年に再発見されると、メンデルの法則は突如、科学史の表舞台へと躍り出てきます。メンデルの論文を再発見したのは、オランダの植物学者・遺伝学者であったユーゴー・ド・フリース（一八四八～一九三五年）やドイツの遺伝学者カール・エーリヒ・コレンス（一八六四～一九三三年）、オーストリアの農学者エーリヒ・フォン・チェルマク（一八七一～一九六二年）という三人の科学者です。

ド・フリースはオオマツヨイグサの栽培実験中、突然生じた変異株に、常にその形質を受け継ぐ子が生じていることに気がつきました。ド・フリースは、遺伝物質の突発的な変化によって新種が生まれたのだと考え、これを「突然変異」と名づけ、一九〇一年に進化は突然変異によって起こるという「突然変異説」を提唱したのです。

メンデルの遺伝の法則は、発表から三五年もの間、世に埋もれていました。しかし、三人の科学者がそれぞれ独自に、しかもほぼ同時にメンデルの論文を再発見したことにより、一躍脚光を浴びるようになったのです。もっとも、三人が独自に再発見したことに異を唱える人もいます。コレンスだけが真の再発見者で、ド・フリースは少し怪しく、チェルマクには剽窃《ひょうせつ》したのではないかという説もあるのです。

メンデルの論文では、エンドウマメのデータは一つの実験につき数千個しかありませんでした。これほどデータ量が少ないにもかかわらず、理論どおりの数字が出されていたことから、統計学者のロナルド・フィッシャーは「メンデルは自分に都合のいいデータだけを抜き出していたのではないか」と批判しました。「現代統計学の父」と呼ばれるフィッシャーは、推計統計学の確立者であるとともに、進化生物学者、遺伝学者としても知られる人物です。フィッシャーは、「データがあまりにも整いすぎているのは、メンデルが捏造したからではないか」と指摘しました。

この批判については、何年もかけて集めた大量のデータからきれいなものだけを選んでいたのではないかとか、メンデルが実験に使用する交雑種を慎重に選んでいた結果であるなど、様々な見解が述べられています。本当のところはわかりませんが、実験データにどのような経緯があろうとも、メンデルが導き出した結論に間違いはないと、現在では理解されています。

ネオダーウィニズムの登場

メンデルの論文の再発見以降、ダーウィンの自然選択説はしばらくの間、凋落の一途をたどることになりました。なぜメンデルの法則が認められると、ダーウィンの自然選択説の地位が失墜するのか——その理由は、メンデルの遺伝の法則がダーウィンやウォレスが唱えた進化論への反論となるからです。

ダーウィンの唱えた自然選択説によれば、変異は連続的であり、生物は徐々に進化していくことになります。しかし、メンデルの遺伝学だと「変異は何らかの因子（遺伝子）によって起こるので、生物の形は突然変化する」のです。例えば、「背が高い」という形質を発現させる遺伝子が、背の低くなる遺伝子に変わってしまえば、突然、背の低い生物が生まれてきます。つまり、「もし遺伝子が突然変異することで生物の形質が変わるのであれば、生物の進化に自然選択は必要なくなってしまう」のです。この観点で見ると、二つの説はまったく異なった進化の仕組みということになるので、昔の教科書では自然選択説と突然変異説は別の仮説として紹介されていました。

メンデルの遺伝の法則とダーウィニズムは、長い間反目を続けてきましたが、一九三〇年代あたりからこの流れが変わってきます。一九三〇年代から四〇年代にかけて、遺伝学が発達してくると、遺伝子の突然変異は、それまで想像していたものよりも非常に小さな形質変化しか起こさないことが多いとわかってきたのです。メンデルの言うように、確かに遺伝子は不連続に変化するのですが、それによって引き起こされるほとんどの形質変化は微細なものなのです。そして、「小さな変異が何世代にもわたって積み重なったことにより、生物はマクロに見れば連続的に変化してきた」と考えられるようになってきました。ダーウィンの自然選択説とメンデル遺伝学が融合した「ネオダーウィニズム」は、このようにして登場しました。ネオダーウィニズムによると、突然変異によって新しく生じた遺伝子のうち、適応的なものは自然選択により増加していき、非適応的なものは消滅していく――この繰り返しこそが進化だというわけです。

分子進化の中立説

このネオダーウィニズムという概念に、一石を投じた日本人がいます。一九六八年に「分子進化の中立説」を唱えた、集団遺伝学者の木村資生《もとお》（一九二四〜九四年）です。分子生物学者のジェームズ・ワトソン（一九二八年〜）とフランシス・クリック（一九一六〜二〇〇四年）によって「DNAの二重らせん構造」が発見されたのは一九五三年ですので、彼がこの説を発表した頃には「遺伝子の本体はDNAである」ということはすでにわかっていました。

木村の「分子進化の中立説」によると、ほとんどのDNAの変異は、適応的でも非適応的でもなく、個体群中に拡散するのは偶然である――つまり「DNAの変異が定着するのは、自然選択というよりもむしろ偶然による」ということになるのです（これは「遺伝的浮動」と呼ばれています）。この理論は世界中の生物学者に衝撃を与え、大きな論争に発展しました。

当時の進化生物学の世界では、「適応万能論」が主流でしたので、批判が大きかったのも無理はありません。しかしその後、研究が重ねられることにより、「分子進化の中立説」の正しさが証明されました。これによりネオダーウィニズムは修正を余儀なくされ、現在、進化のメカニズムは「遺伝子の突然変異」「自然選択」「遺伝的浮動」で説明されるようになりました。

現在のネオダーウィニズムの主張をまとめると、以下のようになります。

①突然変異

「生物の形質の変化は、それを伝える遺伝子の無方向的な偶然の変化（突然変異）によってもたらされる」とネオダーウィニズムは主張します。遺伝子の本体がＤＮＡの塩基配列であることが明らかになってからは、「進化はＤＮＡの塩基配列の変化で語ることができる」と考えられるようになりました。

②獲得形質の遺伝の否定

前述したように、ラマルクが唱えた進化論の第二原理は、「動物がよく使う器官は発達して、使わない器官は退化する」という用不用説と、「親が獲得した形質は、子に引き継がれる」という獲得形質の遺伝です。ラマルクはキリンの首が長いのは、獲得形質が何世代にもわたって遺伝したからだと説明しました。ラマルクの唱えた獲得形質の遺伝は、用不用説と一体をなしているわけです。実はダーウィンも獲得形質の遺伝を信じていました。しかし、現在のオーソドックスな生物学では、「遺伝子に変化が起きないと、その形質は子に継承されない」ということになっています。遺伝子の変異は偶然で無方向的なので、獲得形質が遺伝することはないと考えられているのです。

③自然選択説

自然選択説はダーウィン進化論の核心です。生物は変異して、その変異が環境に適応的であれば生き残る確率が上がり、非適応的であれば生き残る確率は下がっていきます。生物の変異は親から子へと受け継がれるので、数世代経つうちに、ある集団の中で適応的な変異をもった個体がだんだんと増えていき、形質もまた適応的なものに徐々に変化していくのです。

④遺伝的浮動

生物の集団内で、ある特定の遺伝子（DNA）の出現頻度が増加したり減少したりするのは、自然選択よりもむしろ偶然によることが大きく、そのような偶発的な遺伝子の出現頻度の変化を遺伝的浮動と呼びます。これは「環境に適応的でも、非適応的でもない変異が集団に定着するかどうかは偶然に左右される」という、今ではほとんどの生物学者に受け入れられている学説です。

ネオダーウィニズムは、都合のいいことしか説明していない

歴史を振り返ってみると、ネオダーウィニズムはダーウィンの自然選択説を、遺伝子の突然変異と遺伝的浮動という偶然の要素で補いながら、発展してきたことがわかります。しかし、このネオダーウィニズムは、自分たちの理論にとって都合のいいことしか説明していません。自説にとって都合の悪いことには触れないようにしているので、私たちはあたかも「地球の生物は、基本的にはすべて自然選択と突然変異で進化してきた」という錯覚に陥ってしまうのです。

もちろん、ネオダーウィニズムは多細胞生物の種内の小さな進化と、細菌の進化を説明

する理論としてはたいへん優れています。第一章でも触れましたが、遺伝子の突然変異が累積することによって生じる種内の進化は小進化と呼ばれ、種以上のレベルの進化を指す大進化とは区別されます。そして、細菌は細胞が一つしかないので、遺伝子の突然変異と自然選択だけで形質の変化を説明できます。

細菌に限らず、単一の細胞の進化を説明する原理としては、ネオダーウィニズムは成功していると言えるでしょう。例えば、がん細胞に抗がん剤が効かなくなる現象は、自然選択と突然変異で説明することができます。

がん細胞は分裂する時に、突然変異を起こすことがあるので、一つのがん細胞の塊の中でも、遺伝子が少しずつ違っている場合があります。そこに抗がん剤を作用させると、抗がん剤に弱いがん細胞は確かに死にますが、たまたま抗がん剤に耐性のある遺伝子をもったがん細胞は生き残ってしまいます。

生き残ったがん細胞には、もうその抗がん剤は効きません。そうなると、生き残ったがん細胞をやっつけるために、さらに新しい抗がん剤を投与しなくてはならなくなります。この時、新しい抗がん剤に対する耐性をもつがん細胞が少数でも存在すると、またしばらくするとこのがん細胞が増えていくでしょう。このようなことを何度も繰り返していくと、すべての抗がん剤が効かないがん細胞が残ってしまいます。これは、突然変異と自然選択によるがん細胞の進化なのです。

今からおよそ三八億年前の地球に生まれた生物は細菌でした。先ほども述べましたように、細菌の進化は自然選択と突然変異でおおよそ説明できます。しかし、細菌から多細胞生物への進化や、システムが複雑になっている多細胞生物の大きな形態変化は、そのような単純な理論では説明できません。

ネオダーウィニズムは、遺伝子の変異だけで進化の仕組みを理解しようとしました。しかし生物には、そのような考え方では解決できない謎がまだたくさん残されています。多細胞生物の進化を解き明かすには、発生学の知識が必要です。この十数年で発生学は大きく進歩しました。二〇一二年にノーベル生理学・医学賞を受賞した山中伸弥《やまなかしんや》教授がiPS細胞（人工多能性幹細胞）をつくることができたのも、この発生の仕組みが明らかになってきたからです。発生学のさらなる発展が、今後、進化論を大きく変えていくことでしょう。次章では、発生生物学と進化論の関係について考えていきたいと思います。

第三章　ＳＴＡＰ細胞は何が問題だったのか

単細胞生物と多細胞生物の間には、大きな隔たりが存在する

第二章の終わりのほうで、「進化について検討する際は、単細胞生物と多細胞生物を分けて考える必要がある」という話をしました。一つの細胞が一つの生命体として機能している単細胞生物は、細胞が分裂したら単純に同じ細胞がつくられるだけです。一方、多細胞生物は細胞が分裂しても離れることはなく、複数の細胞が別の機能を果たしながら、一つの生命体を形づくります。

単細胞生物は一つの細胞自体で完結しており、ある時点での遺伝子の発現パターンは一通りだけです。それに対し、多細胞生物はそれぞれの細胞で役割分担が決まっていて、細胞の種類によって遺伝子の発現パターンが異なります。個体は「受精卵」というたった一つの細胞が分裂を繰り返してつくられるので、単細胞生物とあまり変わらないように感じられるかもしれませんが、生物としての単細胞生物と多細胞生物の間には、大きな隔たりが存在します。

多細胞生物が受精卵から一つの完成した個体になるまでを、「個体発生」と言います。個体発生とは、受精卵や胞子などの未分化な細胞が一つの成熟した個体になるまでの過程のことです。

この個体発生と対をなす概念として、「系統発生」があります。系統発生とは「生物の種が進化してきた道筋」を表す言葉で、一九世紀に活躍したドイツの生物学者エルンスト・ヘッケル（一八三四〜一九一九年）が提唱しました。系統発生は、「種族の進化の歴史」と言い換えることもできるでしょう。

そのヘッケルは、「個体発生は系統発生を繰り返す」という有名な言葉を残しました。これは「反復説（生物発生原則）」と呼ばれるもので、現代の生物学に照らし合わせると必ずしも正しくはないと否定されています。単純に考えても、個体発生と系統発生はレベルの異なる現象ですので、この二つを結びつける厳密な論理が存在しないであろうことは容易に想像がつくはずです。

進化発生生物学

近年、発生（Development）において作用する遺伝子群の発現パターンの変化から進化（Evolution）を解明しようとする、「進化発生生物学」という新しい学問分野が発展してきています。「種の進化に影響する表現型（形態や行動）の変化を、特定の遺伝子群の配列や働きと結びつけて説明する」という考え方で、それぞれの英語を略して「エボ-デボ（evo-devo）」

と呼ばれています。

進化発生生物学の目的は、「これほどまでに多様な生物が存在するのはなぜか」という問いに答えることです。この問いは、もともとネオダーウィニズムが答えようとしていたものですが、突然変異と自然選択だけで解き明かせるほど、生物の進化は単純なものではありません。そこで、「発生過程での遺伝子の使い方の違い」と「その結果として現れる表現型の変化」を結びつける進化発生生物学に、大きな期待が寄せられました。

しかし、その試みは必ずしも順調にいっているとは言えません。それは、「ある遺伝子を発現させるスイッチは、どのようにして入ったり、切れたりするのか」が、まだよくわからないからです。同じ個体であれば、どの細胞にも同じDNA、そして遺伝子セットが存在します。なぜ遺伝子が同じなのに、異なった細胞に分化していくのか——その理由は「それぞれの細胞ごとに、発現する遺伝子が違ってくる」からです。

発現する遺伝子が異なると、つくられるタンパク質も細胞ごとに変わってきます。その発現する遺伝子の違いによって、皮膚細胞、肝細胞、神経細胞というように、別の細胞に分化していくのです。

ヒトゲノム全体に含まれる遺伝子数はおよそ二万一〇〇〇個、ゲノムサイズ（DNAの情報量）は約三〇億塩基対と言われています。「ヒトゲノム解析計画」でDNAの塩基配列をすべて調べ上げたように、「ヒトのもつ遺伝子は、いつ・どこでスイッチが入り、そして切れるのか」を解析していけば、遺伝子の発現パターンも解明できるのではないか――そう思われる方もいるかもしれません。

しかし、ヒトがもつ細胞の数は、成人の場合およそ三七兆個もありますので、それら一つひとつの細胞の中でどのような遺伝子が発現し、また周りの細胞とどのように関係しているのかをすべて調べ上げるのは、およそ不可能です。せいぜい「発生過程と遺伝子の発現パターン」という、分子的な変化の基本原理を明らかにし、それをもとに局所的な話題を論じていくというのが今のところの限界だと思います。

ゲノムサイズと遺伝子数

生物名	ゲノムサイズ（塩基対）	遺伝子数（推定値）
ヒト	30億	2万1000
ハツカネズミ	26億	2万5000
ショウジョウバエ	1億8000万	1万3700
シロイヌナズナ	1億1800万	2万5500
パン酵母	1200万	5800
大腸菌	460万	4400

植物の挿し木が可能なわけ

多細胞生物の個体発生は、受精卵というたった一つの細胞が生物の個体になるまでの過程です。細胞が何度も分裂を繰り返して数を増やすうちに、一つひとつの細胞が役割をもち、組織をつくり、いくつもの器官が組み合わされた個体へと成長していきます。

この発生過程を一言で表現すると、「細胞に特別な役割をプログラムしていくプロセス」となります。ヒトの場合、受精卵が分裂してつくられる初期胚の一部である「内部細胞塊」から、限定された種類の細胞にしか分化できない「体性幹細胞」がつくられ、ここからさらに、皮膚、骨、筋肉などの様々な機能をもつ「体細胞」へと分化していきます。

幹細胞とは、分裂して自分と同じ幹細胞または分化した体細胞をつくることができる細胞のことです。細胞は個々の組織にまで分化してしまうと、他の組織の細胞に変化することが基本的にはできません。「皮膚なら皮膚」「骨なら骨」と、それぞれの細胞が形づくられるように遺伝子が発現していき、そのパターンが固定化されてしまうからです。

植物の場合、遺伝子の発現パターンはそれほど厳密に固定化されていませんので、葉から根を、幹から芽を生やすことも可能です。もちろん植物にも、花、葉、茎、根と様々な役割を果たす細胞があり、場所が違えば当然発現する遺伝子も異なります。しかし、環境によって発現する遺伝子をフレキシブルにコントロールすることが可能なので、挿し木なども比較的簡単に行えるのです。

iPS細胞は何がすごいのか

ヒトの場合、生身の体の中では、一度分化した体細胞が幹細胞に戻ったり、他の体細胞に変わったりすることはありません。だからこそ、「iPS細胞（人工多能性幹細胞）」の登場には、世界中の人々が驚いたのでした。

手短に説明しておきますと、iPS細胞とは「分化を終えた細胞に特定の遺伝子を人工的に導入することで、心臓や神経、肝臓など様々な細胞に分化できる能力をもたせた万能細胞の一種」です。人工多能性幹細胞という正式名称が示すように、体細胞を人工的に幹細胞へと戻して、人体のどの組織にもなれる能力をもたせています。二〇〇七年に、京都大学再生医科学研究所の山中伸弥教授が発表し、当時大きな話題となりました。

前述のように、皮膚にまで分化してしまった細胞には、皮膚の細胞として働くための遺伝子が発現しています。通常、このような皮膚の細胞として働くようプログラムされた状態の体細胞を、分化する前の細胞に戻すことはできません。しかし、体細胞を初期状態に戻すことができれば、そこから様々な分化した細胞をつくることができるのです。この作業を、「初期化」もしくは「リプログラミング」と言います。

リプログラミングとは、いわば「細胞の時計の針を逆回しして、元の細胞に戻す」ようなものです。そのリプログラミングを実現したｉＰＳ細胞は、再生医療の可能性を拡大したと世界的な話題となり、発表からわずか五年後に山中教授はノーベル生理学・医学賞を受賞しました。

このｉＰＳ細胞を山中教授が開発する以前に、再生医療の分野で有望とされていたのは「ＥＳ細胞（胚性幹細胞）」でした。ＥＳ細胞とは、胎盤以外の体のどのような細胞にも分化できる多能性をもった培養幹細胞で、ほぼ無限に増殖することが可能です。

ＥＳ細胞はそれほど驚くべき技術ではない

ヒトの場合、分裂を開始した受精卵は、五〜六日で胚盤胞《はいばんほう》と呼ばれる胚になります。生物学における胚とは多細胞生物の早期の個体発生段階を指す言葉で、動物の場合で言うと「受精卵が発生してから、食物を取り始める幼体になるまで」に相当します。ＥＳ細胞は、その胚の内部から内部細胞塊を取り出して培養したものです。

内部細胞塊は分裂してどんどん別の細胞に変わっていきますが、ES細胞は分裂してもES細胞のままでいることができます。そうした点が、再生医療の技術としては画期的だったのです。

うまく刺激を与えることによって、皮膚・骨・筋肉といった体細胞へと分化することのできるES細胞の開発は、確かに画期的なことでした。しかし、ES細胞のもとになっているのはヒトの胚なのですから、実はそれほど驚くべき技術というわけではありません。そのまま成長していけば赤ちゃんになったものからつくっているのですから、体細胞に分化する能力をもっているのは、ある意味当たり前です。要は「細胞の分化をストップする方法を発見した」のにすぎず、受精卵を殺すことになることから倫理的にも問題がありました。

iPS細胞の非常に優れた点

それに対してiPS細胞では、すでに分化した体細胞を人工的に幹細胞の状態に戻すことに成功したのです。山中教授は、ES細胞に働く遺伝子と、筋肉や心臓などに分化した体細胞に働く遺伝子を比較し、多能性を発揮すると考えられる遺伝子を、二四個に絞り込みました。その後さらに実験を重ね、その遺伝子を四つにまで絞り込むことに成功します。これら四つの遺伝子を線維芽細胞《せんいが》（上皮組織、筋組織、神経組織などを互いに結びつける結合組織を構成する細胞の一種）に導入しただけで、体細胞のリプログラミングができたということが、iPS細胞の非常に優れた点だったのです。その四つの遺伝子は、「山中因子」と呼ばれています。

ただ、人工的にリプログラミングしたiPS細胞には、「がん化しやすい」という欠点がありました。山中因子はすべて他の遺伝子の働きをコントロールする転写因子の仲間でしたが、その中の一つががんの発生にポジティブに関与する可能性のある「がん関連遺伝子」だったのです。

転写因子は、DNA上に書かれている遺伝情報をRNAに転写するのを促進したり、抑制したりする働きをします。山中因子は遺伝情報の転写を促進することで、細胞が増殖するのを推し進める働きをしていましたが、それが行きすぎてしまうと、今度は細胞をがん化させてしまう可能性があるのです。

がん細胞が普通の細胞と大きく違う点は、爆発的に増殖する能力をもっていることです。山中教授たちのグループは研究を進めるうちに、山中因子の遺伝子の一つが、細胞をがん化させてしまうことに気がつきました。この遺伝子の本来の働きは、細胞増殖にかかわるものなのですが、細胞増殖を止めることができなくなり、細胞をがん化させてしまっていたのです。そこで、山中教授らはさらに研究を重ね、その遺伝子を使わずにiPS細胞をつくることに成功しました。

また、山中教授らは遺伝子の運び屋として「レトロウイルス（遺伝物質としてRNAをもち、宿主の細胞内でRNAからDNAを合成するウイルスの総称）」を使っていましたが、このレトロウイルスもがんの発生に関与している場合が多く、危険性が指摘されていました。そこで最近ではレトロウイルスを使わない、安全性の高い方法も開発されています。

STAP細胞はまったくの荒唐無稽な話ではない

現在、遺伝子の発現パターンを変える手段として最も有力なのは、「目的の細胞で発現している遺伝子を導入する」方法です。そんな中、「まったく別の方法で、遺伝子の発現パターンを変えることができる」という論文が二〇一四年一月に発表され、世間の注目を集めました。小保方晴子《おぼかたはるこ》・元理化学研究所研究員らの「STAP細胞（刺激惹起性多能性獲得細胞）」に関する論文です。その後STAP細胞は、捏造であったことが発覚するわけですが、発表当初は驚きと称賛をもって迎えられました。

小保方元研究員らが最初に発表したSTAP細胞に関する論文の要点は、「マウスの免疫細胞（T細胞）を酸に晒《さら》すなどしてストレスを与えるだけで、細胞がリプログラミングされる」というものでした。これは遺伝子を導入しなくても、環境を変化させるだけで遺伝子の発現パターンを変えることができることを意味しています。刺激を与えることで多能性が生まれることから、「刺激惹起性多能性獲得細胞」という名前がつけられたのです。

「環境の変化で遺伝子の発現パターンが変わる」ことは、生物進化の観点から考えると、まったくの荒唐無稽な話というわけではありません。発生学には「遺伝的同化」という言葉があります。これは、「環境変動による形質の変異が、世代を経て遺伝的に固定化する」現象です。この遺伝的同化というプロセスは生物学者のコンラッド・ウォディントンとイワン・シュマルハウゼンによって、それぞれ独自に発見・考究されたもので、これまでにいくつかの実験が行われています。

その中でも特に有名なのが、「キイロショウジョウバエ」を使った実験です。普通のキイロショウジョウバエには二枚の翅が生えているのですが、胚をエーテルで処理すると四枚の翅をもつ個体（バイソラックス変異体と呼ばれる）が発生します。遺伝子は二枚翅のハエとまったく同じなのに、四枚翅になったというのです。これはエーテルの影響により、発生の途中で遺伝子の発現パターンが変わったのだと考えられています。

その後ウォディントンは、四枚翅になったハエの卵を、再びエーテルで処理していきました。この四枚翅という特徴は遺伝子の変異によって形成されたものではないので、次の世代に伝わることはありません。環境によりある世代で遺伝子の発現パターンが変わったからといって、DNAの配列が同じであれば、その変異は次世代に引き継がれることがないからです。

しかし、ウォディントンが四枚翅のハエの卵にエーテル処理を行う実験を繰り返していくと、徐々に四枚翅のハエが出現する確率が高くなっていきました。そして二〇世代目には、エーテルで処理しなくても四枚翅のハエが生まれてきたのです。

この実験結果から、「変化した環境が長期間続き、何世代も同じ刺激を受け続けると、遺伝子の発現パターンにも変化が生じ、それが固定化される」という可能性が考えられます。だからSTAP細胞の話は、生物学的にはまったく可能性がないというわけではありません。しかし、論文が有名な科学雑誌である『ネイチャー』に掲載され、今後の研究が期待されたSTAP細胞は、一カ月も経たないうちに画像流用などの疑いがもたれるようになりました。さらに、論文に記載されていた方法どおり実験を行ったのに、誰も再現することができなかったのです。

〝STAP幹細胞〟にはTCR再構成がなかった

そこで理化学研究所は、二〇一四年三月五日にSTAP細胞を作製するための「プロトコール（実験手順）」を公開しました。この時に公開されたプロトコールを読み、私はSTAP細胞がインチキなものだということに気がつきました。プロトコールに、「〝STAP幹細胞〟にはTCR再構成がなかった」という記述を見つけたからです。

これが何を意味するのか、順を追って説明していきましょう。T細胞というのは「免疫反応の司令塔のような役割を果たすリンパ球の一種」で、TCR（T細胞受容体）とはT細胞の膜に存在する、抗原を認識する分子です。

何度もお話ししているように、多細胞生物は一つの受精卵が様々な細胞に分化していきます。この場合の分化とは、発生の過程において分裂増殖する細胞がそれぞれの役割に応じて変化していく現象です。それぞれの細胞は異なる機能を分担していますが、基本的に細胞の中の遺伝情報が変化することはありません。

ただし、このT細胞は例外で、分化する過程で遺伝情報の中で不要な部分が切り落とされ、再び結合します。このように遺伝子の断片の切り貼りが起こって、様々な組み合わせの遺伝子が新しくつくられるのです。この現象を「遺伝子再構成」と言います。T細胞では細胞の表面にあるTCRをつくる遺伝子で再構成が起こることから、TCR再構成と呼ばれています。〝STAP幹細胞〟にTCR再構成が見られれば、この細胞がT細胞由来であることの証拠となるのです。〝STAP幹細胞〟とは、STAP細胞に自己増殖能力をもたせたものです。

そもそもSTAP細胞の根本的な原理は、「リンパ球の細胞に酸などの刺激を与えることで、細胞がリプログラミングされ多能性をもつようになる」というものでした。最初に発表された論文によれば、生後間もないマウスの脾臓から取り出したT細胞を、弱酸性の溶液に浸した後に培養すると、生き残った細胞の一部が多能性をもつ未分化細胞に変化するということでした。

T細胞という分化して特定の役割をもつようになった体細胞から多能性細胞がつくられた――つまり細胞の初期化が起きたということで、STAP細胞は話題になりました。そして、T細胞からSTAP細胞、さらには〝STAP幹細胞〟がつくられたことを証明する根拠となっていたのが「〝ＳＴＡＰ幹細胞〟の遺伝子に、ＴＣＲ再構成が確認された」ということでした。これは分化したＴ細胞がリセットされ、〝ＳＴＡＰ幹細胞〟になったことを意味しています。

しかし、三月五日に公開されたプロトコールには、「〝ＳＴＡＰ幹細胞〟にＴＣＲ再構成がなかった」と記載されていました。つまり、これは「Ｔ細胞から〝ＳＴＡＰ幹細胞〟がつくられた」という根拠がなくなることを意味しています。

その後の調査により、小保方元研究員らが発表したＳＴＡＰ細胞は「既存の多能性細胞であるＥＳ細胞からつくられたもの」とされ、論文の主要な結論は否定されました。

ＳＴＡＰ細胞は幻に終わってしまいましたが、分化した細胞をストレスの高い環境に晒すことで遺伝子の発現パターンを変えること自体は、原理的には可能だと考えられます。

生物の歴史を振り返ってみても、多細胞生物の場合、形態が大きく変化する「種分化」や「高次分類群（界・門・綱・目・科・属など）の出現」のような大進化は、遺伝子の突然変異よりも、むしろ環境の変化により遺伝子の発現パターンが変わったことによって起こる可能性のほうが高い、と考えられるのです。

「異所的種分化」では大進化は起こらない

ネオダーウィニズムでは、突然変異と自然選択が進化の主な要因と考えられています。しかし、この二つだけですべての進化を説明することはできず、突然変異と自然選択が引き起こす形質の変化は、種を変更しないことのほうが普通なのかもしれません。

例えば、オオクワガタ属の中の最大種であるヒラタクワガタは、日本をはじめパラワン島やボルネオ島、スマトラ島、マレー半島など東南アジアに広く分布しています。ヒラタクワガタは現在のところ二五の亜種に分けられていて、地域ごとに形や大きさなどは異なりますが交配は可能です。交雑して生まれた子どもにも繁殖能力があるので、日本では外国産亜種などの放虫による遺伝子汚染が問題となっています。

生物の種の定義は様々で明確な基準はないのですが、目安として「別種は互いに遺伝子を交換しない」ことが挙げられます。これは「二つの生物集団の間で、生殖活動を行えない」、または「交配が起こりにくい」という意味です。このような現象は、「生殖的隔離」と呼ばれています。

ネオダーウィニズムは生殖的隔離が発生する主な原因として、「異所的種分化」を支持しています。生息場所が隔離されることによって遺伝的変異が蓄積していき、やがて種が分かれていくと考えるのです。

DNAや遺伝子は個体群ごとに変異していくので、生物が地理的に隔離された場合、時間が経てば経つほど異所的な集団間のDNAの変異は大きくなっていくと考えられます。しかしヒラタクワガタでは、突然変異と自然選択によって起こる異所的な集団間の変異は、日本とスマトラ島の集団のように、地理的隔離が成立してから五〇〇万年は経っていると思われる場合でも、種を変えるほどのものではないのです。

種が分岐するような大きな変化は、たとえ生息場所が隔離されて長い時間が経ったとしても、起こるとは限らないのです。このように、異所的種分化によって時間とともに形や大きさは変化しても、ネオダーウィニズムで語られてきたような、種を超えるような進化は起こらないほうが一般的なのかもしれません。

シクリッドに見る同所的種分化

種分化には異所的種分化の他にも、「側所的種分化」「同所的種分化」といったケースが考えられます。二つの集団の生息地が基本的には離れているけれど、部分的に重なり合う場所が存在し、双方の集団の個体が地理的障壁を行き来している場合に起きる種分化が側所的種分化です。そして、同所的種分化は、地理的な隔離が起こらないのに新しい種が誕生することを指しています。

同所的種分化の例として有名なのが、アフリカのタンガニーカ湖、マラウイ湖、ビクトリア湖といった湖沼群に生息する「シクリッド」という魚のグループです。それぞれの湖には、シクリッドに属する種が五〇〇以上存在しています。そして、それらシクリッドのDNAを分析してみたところ、同じ湖で暮らしている種のほうがDNAの配列が似ており、他の湖にいる種よりも近縁だということがわかりました。

通常、種分化の時期が近い種ほどDNAの配列も似てきます。つまり、これらのシクリッドは「それぞれの湖が成立した後、湖ごとに新しい種へと分岐していった」のだと考えられているのです。

地質学的な調査により、タンガニーカ湖は一二〇〇万年前、マラウイ湖は二〇〇万年前、ビクトリア湖は一万五〇〇〇年前よりも後に成立したと見られています。先ほど例に出したヒラタクワガタでは、日本とスマトラ島の集団は五〇〇万年前に隔離されたにもかかわらず、種を飛び越えるような進化が起きていないのに対し、ビクトリア湖のシクリッドはたかだか一万五〇〇〇年の間に、五〇〇を超える種に分化していたのです。

同所的種分化が発生する原因はまだよくわかっていない部分が多いのですが、きっかけはとてもささいなことなのかもしれません。例えば、アフリカ中西部にあるイヴィンド盆地には、「エレファントノーズフィッシュ」という魚が二〇種以上生息しています。このエレファントノーズフィッシュは特殊な微弱電流を放電することで、同種の仲間とコミュニケーションを交わしたりエサを見つけたりしています。もしこの微弱電流が繁殖行動にもかかわっているとすれば、電流の種類がわずかに変化することにより生殖隔離が起こり、種の分化が生ずるはずです。同所的種分化は、そのようなちょっとした変化によって起こるのではないかと、私は考えています。

交雑から新種が生ずる

こうなってきますと、「種分化は、地理的に隔離された期間に関係なく起きるのではないか」という仮説が成り立ちます。つまり、変異が徐々に積み重ねられていったのではなく、種を分化させるような遺伝子の発現パターンの変更があって、新しい種が登場したと考えたほうが合理的なのです。

また、中南米に生息するヘリコニウス属の毒蝶では、同属の近縁種同士が交雑することによって新しい種が誕生した事例が報告されています。このような例は特別なものではなく、アメリカのシエラネバダ山脈に生息する「ミヤマシジミ」という蝶の一種でも確認されています。

研究者の中には、別種の蝶を人工的に交配させて雑種をつくる人がいますが、たいていの雑種には繁殖能力がありません。しかし、ヘリコニウス属の雑種の中には繁殖できるものが現れることもあり、その繁殖能力をもつ雑種の生殖行動を調べてみると、おもしろいことがわかってきました。自分と同じ雑種同士での交配は行うけれど、自分の親の種とはめったに交配しないという行動が見られたのです。

これは、「何らかの事情で生物の交配システムが変化し、親の種と交雑できない新種が生まれた」のだと思われます。恐らく自然界でも同じようなことが起きていて、近縁種同士の交雑から新しい種が誕生してくることがあるのでしょう。このような「交雑により一気に新種が生まれる」事例は、生物は徐々に進化していくとするネオダーウィニズムの理論では考えられないことです。

環境が先か、形態の変化が先か

ネオダーウィニストたちは、まず環境が変化し、その後突然変異と自然選択で生物の形態が変わり、新しい環境にうまく適応できたものが現在まで生息しているのだと考えてきました。しかし私は逆に、「生物の形態が先に変化し、その後その形態に適した新たな環境へ移動していった」と考えています。私はこれを能動的適応と呼んでいます。

例えば動物が水中から陸に上がった理由としては、「陸上の生活に適応するためにえら呼吸から肺呼吸に徐々に進化していった」と考えるよりも、「何らかのきっかけで、えら呼吸から肺呼吸になってしまったので仕方なく陸に上がった」と考えたほうが現実的です。

動物は自らの意思で移動することができます。だから、もし遺伝子の発現パターンが変化することで形態が変わってしまったとしたら、その体に合う環境を求めて移動しようとするはずです。植物の場合も、種子などを広い範囲にまくことができるので、温暖化が進めば熱帯性の植物が北へ広がるといった変化が生じてくるでしょう。生物は自分が一番生き延びやすい環境を選んでいるだけなのです。だから、後から観察した人間が「現存する生物が生き残れたのは、環境にうまく適応できたからだ」と結論づけるのは間違っているのかもしれません。

男の性を決定する「SRY遺伝子」

ヒトは一般的には、性染色体が「XY」なら男に、「XX」なら女になります。Y染色体上には「SRY（Sex-determining Region Y）遺伝子」があり、この遺伝子が発生の初期段階で発現するとヒトは男に成長します。

ヒトと同じように、マウスのY染色体上にも性を決定するSRY遺伝子があります。マウスを使った実験により、このSRY遺伝子の発現には「ヒストン」というタンパク質がかかわっていることがわかりました。DNAの分子はとても長いものですが、細胞核の中に収まっている時は、ヒストンに巻きついてコンパクトになっています。SRY遺伝子が巻きついているヒストンには通常メチル基（メタンから水素原子が一つ取れた炭化水素基の一種）がついていますが、SRY遺伝子が活性化する時はヒストンの一部からメチル基が取れることがわかりました。逆に性染色体がXYでSRY遺伝子をもっていても、メチル基が取れないとオスにはならずメスに成長するのです。

ヒストンの形が微妙に変化することによって遺伝子の発現の仕方が変わり、本来オスになる胚がメスに変わることもある。これも遺伝子の使い方で形態や機能が変化するいい例ではないでしょうか。

「ヘテロクロニー」と「ヘテロトピー」

また、遺伝子の使い方を考える時に重要なのが、「ヘテロクロニー」と「ヘテロトピー」という概念です。これらはヘッケルの造語ですが、生物学の知識はヘッケルの時代から格段に増えています。だから、現代に合う形で説明するとしたら、ヘテロクロニーは「ある遺伝子群のスイッチを入れるタイミングを変更する」ことで、ヘテロトピーは「スイッチを入れる場所を変更する」ことと言えるでしょう。

恐竜のトリケラトプスは、とても大きな角をもっていることで有名ですが、あれは角を伸ばす遺伝子がずっとオンになっていたから形成されたと言われています。もし、トリケラトプスの成長の初期に、角を伸ばす遺伝子をオフにするよう遺伝子の使い方が変更されてしまったら、体は大きいのに角の小さなトリケラトプスが誕生していたでしょう。このように、遺伝子のスイッチを入れるタイミング、つまり発現するタイミングをずらすだけで、生物の形態は大きく変化してくるのです。

次に、もう一つの概念であるヘテロトピーについて考えてみましょう。ヘテロトピーはある場所で働いていた遺伝子群の発現プログラムが、別の場所でそっくりそのまま発動するようにシステムが変更されることです。ヘテロトピーの例としては、脊椎動物の「あご」

の獲得が挙げられます。

初期に現れた脊椎動物は、あごをもたない無顎類《むがく》の仲間だったと考えられています。その生物は現生動物のヤツメウナギのように、ホースのような口で周りにあるエサをただ吸い込んでいました。理化学研究所の倉谷滋《くらたにしげる》博士は、「あごをもつ有顎類《ゆうがく》が現れたのは、原始的な無顎類の動物の口の部分で働いていた遺伝子群の発現プログラムが少し後ろのほうにずれて、そこで働くようになったからだ」という説を唱えています。すなわち後方に少しずれたことで、えらを支えていた鰓弓《さいきゅう》という骨があごに変化したのではないかというものです。そうすることで、短期間に有顎類が登場したというのです。ヘテロトピーは大進化のメカニズムとして、とても重要だと思われます。

それに対し、一般的にヘテロクロニーはそれまでの構造の発現時期を変化させるだけなので、大きな進化を起こすほどの力はないと考えられています。しかし、生物の発生は時間と共に構造が変化していくわけですから、遺伝子を発現させるタイミングがずれることで、発現する場所がずれるという可能性も考えられます。ヘテロクロニーとヘテロトピーは厳密に区別できるものではなく、互いに影響を及ぼし合いながら、生物の発生システムを変更させて、大進化を引き起こすのかもしれません。

第四章　ゲノム編集がもたらす未来

進化の原因はわかっていない

生物が進化するということは、日本人なら誰もが知っています。しかし、これは知識として理解しているだけで、実際に生物が種の壁を乗り越えて進化した場面を見たことのある人は、一人もいません。

人間は基本的に、自分が体験したことでないと、たとえそれが事実であったとしても、なかなか信じることができない生きものです。しかし、進化に関しては体験が伴っていなくとも、多くの日本人がそれを事実として受け入れています。

一方、アメリカでは進化論を否定するキリスト教原理主義が幅をきかせています。彼らが支持するのは、「人間をはじめとする、すべての生きものは創造主が創った」という創造論です。旧約聖書の最初の書である『創世記』には、この世界がどのようにできあがったのかが記述されています。キリスト教原理主義の立場では、この『創世記』に書かれていることは実際にあった出来事だと考えられているのです。

種が異なっても形態やＤＮＡに類似性が見られることや、古代生物の化石の発見など、生物が進化してきた事実を間接的に示す証拠は、これまでに数多く見つかっています。進化を信じるか信じないかは、時代や地域の文化によって大いに影響されますが、進化が事実であることは間違いありません。

一九五三年にジェームズ・ワトソンとフランシス・クリックの二人によって、「DNAの二重らせん構造」が発見されて以来、人類はDNAに関連づけて進化の研究を発展させてきました。しかし、「なぜ進化は起こるのか」といった原因を突きとめるまでには至っておらず、もちろん科学の力で生物を別の種に進化させるという技術も開発できてはいません。進化に関しては、いまだ解明できていない謎が数多く残っているのです。

医学に革命を起こす「ゲノム編集」

これまで人類は様々な生物のゲノムを解析し、遺伝子組み換えや遺伝子治療をはじめとする遺伝子操作技術を開発してきました。ゲノムとは、DNA上に記されたすべての遺伝情報の総体です（一部のウイルスなどでは、ゲノムはリボ核酸〈RNA〉上に記されています）。

これまでも遺伝子操作技術によって、様々な生物がつくられてきました。その多くは生物学的な研究に用いられてきましたが、一部は遺伝子組み換え作物などとして市場に流通し、我々の生活の中にも入り込んできています。

そして近年、従来の遺伝子操作技術よりも格段に高い精度で、ゲノム上の任意の遺伝情報を改変することのできる技術が脚光を浴びています。それは細胞種や生物種を問わず、遺伝情報を自在に書き換えることのできる「ゲノム編集」と呼ばれる改変法です。ゲノム編集は、従来の遺伝子工学や遺伝子治療と比べて格段に応用範囲が広く、まるでワードプロセッサで文章を切ったり、貼ったりするかのように、狙った部分の遺伝情報を改変することができます。

従来の遺伝子操作でも、遺伝情報を破壊したり、あるいは別の遺伝情報で置き換えたりすることは可能です。しかし、今までの遺伝子操作では遺伝子をランダムに挿入していたので、特定の遺伝子を改変するのが難しく、狙ったとおりの効果を得ることはなかなかできませんでした。

例えば「ある遺伝子が働かなくなってしまう病気」の患者に、正常な機能をもった遺伝子と置き換える治療を行ったとしましょう。その場合、一般的な方法としては、置き換えたい遺伝子を組み込んだウイルスを送り込みます。そのようにして目的の細胞をそのウイルスに感染させることで、生物のゲノムに新しい遺伝子を挿入していたのです。

自然界において、ウイルスは生物の細胞に入らなければ増殖できません。従来の遺伝子操作では、ウイルスのそういった性質を逆手にとり、ウイルスの中に置き換えたい遺伝子

ゲノム編集の仕組み

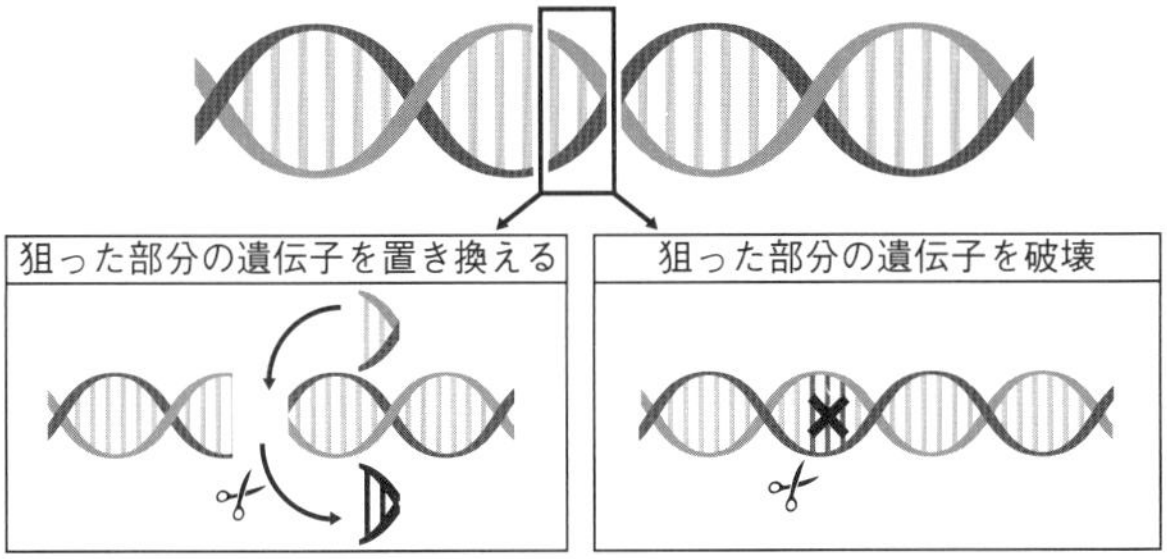

別の遺伝子を挿入し、代わりに働くように改造する。

特定の遺伝子を破壊し、タンパク質をつくれなくする。

ゲノム上の遺伝子には、タンパク質をつくる情報が収められている。ゲノム編集技術により特定の遺伝子の置き換えや、機能を止める破壊が高確率で行えるようになった。

を組み込み、ベクター（運び屋）として使っていたのです。

しかし、この方法では遺伝子を置き換える場所まで指定することは難しく、挿入する遺伝子がゲノムのどの部分に組み込まれるかは運任せでした。だから、狙ったとおりの機能が発揮されないことが多かったのです。

ゲノムの中の特定の部分に遺伝子を挿入したり、狙った遺伝子を破壊したりすることもできなくはないのですが、その効率は非常に悪くなります。それに、目的以外の領域に余計な遺伝子が入り込んでしまうかもしれないので、対象となる生物に悪影響を与えてしまう可能性も否定することはできません。

画期的な遺伝子改変技術「CRISPR／Cas9」

それに対して、ゲノム編集は遺伝子の置き換えや破壊といった改変を、より確実に実行することができます。特に二〇一三年に実用化された「CRISPR／Cas9」（クリスパー／キャスナイン）というシステムは、非常に画期的なものでした。この技術により、生物ゲノムの中の狙った遺伝子を新しい遺伝子に置き換えることが、より簡単にできるようになりました。

ここで「CRISPR／Cas」システムについて、簡単に説明しておきましょう。まず「CRISPR」とは、細菌のDNAに見られる「反復配列（Clustered Regularly Interspaced Short Palindromic Repeats）」のことです。「Cas」は「CRISPR-associated」、つまりCRISPRの近傍に位置する遺伝子群を表しており、通常外から侵入してきたDNA鎖を切断する機能をもっています（Cas9はCas遺伝子の一つ）。

CRISPR／Casシステムは、真正細菌や古細菌において発見された免疫システムです。細菌の細胞内に侵入してきたウイルスのDNAはCasタンパク質によって切断され、その断片が「CRISPR領域」と呼ばれるゲノム領域に取り込まれます。CRISPR領域に取り込まれたウイルスのDNAは、体内に侵入してきたウイルスのリストとし

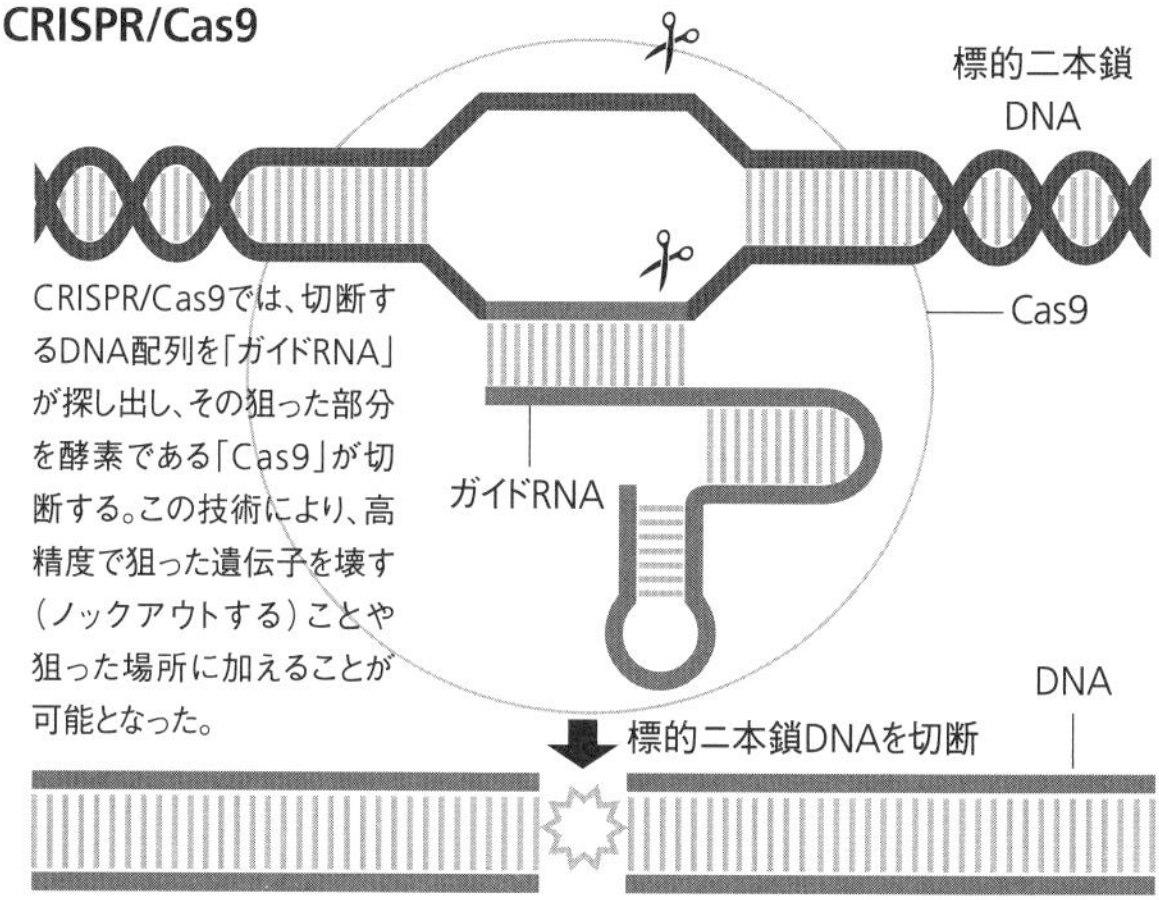

CRISPR/Cas9では、切断するDNA配列を「ガイドRNA」が探し出し、その狙った部分を酵素である「Cas9」が切断する。この技術により、高精度で狙った遺伝子を壊す（ノックアウトする）ことや狙った場所に加えることが可能となった。

て記録されます。

このリストは「ガイドＲＮＡ」と呼ばれる特殊なＲＮＡに転写されます。その後、以前に侵入してきたのと同じウイルスが再度やってくると、このガイドＲＮＡがウイルスのＤＮＡを見つけ出し、酵素である「Ｃａｓタンパク質」でウイルスのＤＮＡを切断するのです。これが、ＣＲＩＳＰＲ／Ｃａｓというシステムの流れです。

多くの真正細菌や古細菌は、このシステムを使ってウイルスから身を守っています。もともと自然界の細菌がもっていたＣＲＩＳＰＲ／Ｃａｓシステムでは、自身のＣＲＩＳＰＲ領域に蓄積されていたＤＮＡ配列からガイドＲＮＡをつくり、何種類ものＣａｓタンパク質が働いていました。

このＣＲＩＳＰＲ／Ｃａｓシステムをゲノム編集ツールとして応用したのが、ＣＲＩＳＰＲ／Ｃａｓ９です。ＣＲＩＳＰＲ／Ｃａｓ９では、まず標的となる細胞の特定のＤＮＡ配列と対応するガイドＲＮＡを設計します。この用意されたガイドＲＮＡは、標的となるＤＮＡと特異的に結合できるので、Ｃａｓ９タンパク質を標的のＤＮＡ配列まで導いてくれるのです。

Ｃａｓ９タンパク質はこのようにガイドＲＮＡと結合することで、ガイドＲＮＡと対応する標的二本鎖ＤＮＡを切断します。Ｃａｓ９タンパク質自体は使い回しができ、標的部位に対応するガイドＲＮＡを新たに作成するだけで済むことから、その技術的な手軽さもあって世界的な関心を集めているのです。

ゲノム編集の問題点

ゲノム編集は、改変したい場所のゲノムの塩基配列を記したガイドＲＮＡとＣａｓ９タンパク質を結合させ、標的となる細胞の核内にベクターを使って導入し、目的のＤＮＡ配列を切断します。このゲノム編集という技術により、その生物のゲノムの中の狙った場所を切断することが可能になりました。いわば「長いDNAの中の好きな部分を、自由に切り取ることのできるハサミ」を手に入れたようなものです。これにより標的の遺伝子をノックアウトしたり、新しいDNAを挿入したりできるようになりました。

目下のところ、ゲノム編集で期待されているのは、作物の品種改良や遺伝子改変食物、それと新薬の開発など、結果がすぐに出せるような産業分野です。実際、産業技術総合研究所の研究チームは、このゲノム編集の技術を使って「卵白アレルギーの原因となるタンパク質をもたないニワトリ」をつくることに成功しています。ゲノム編集は、ここにきて日本でも注目を集めるようになり、経済産業省が研究開発の強化に乗り出したり、専門学会が設立されたりしているのです。

また、ゲノム編集は病気の治療にも役立ちそうです。この技術を使って、エイズのウイルス（HIV）を感染細胞から除去する試みがなされています。HIVはRNAウイルスの一種で、主としてヘルパーT細胞に侵入して、その中で増殖します。ヘルパーT細胞は侵入してきた病原体を認識して抗体を産生するプロセスで、司令官的な役割を担う細胞です。ヘルパーT細胞に侵入したHIVは、逆転写酵素を使って自らのRNA情報をDNAに書き換えて、それをヘルパーT細胞のゲノムに挿入します。CRISPR／Cas9を使ってこのＨＩＶ由来のＤＮＡを見つけ出して破壊すれば、感染ヘルパーＴ細胞を正常に戻すことができます。培養細胞を使った研究では、ＨＩＶを完全に除去することに成功しています。

ただし、ゲノム編集にも課題は少なくありません。その一つとして、切断しようとした場所と似た遺伝情報をもつ部分のゲノムを切断してしまう「オフターゲット効果」が挙げられます。もし間違って切断してしまった場所に重要な遺伝子があると、がんなどの病気を発症してしまう恐れがあるのです。

私たちは生物の仕組みについて、まだまだ知らないことがたくさんあります。安易に遺伝子の組み換えを行っていると、思いもしなかった弊害がもたらされる可能性も否定できません。この観点からも生物の発生や進化と遺伝子の関係といった、根本的な生物の仕組みを解き明かすことが非常に重要です。ゲノム編集という技術は、そのためのツールとして役に立つと考えています。

遺伝子の働きを調べるために、これまでは遺伝子を一つずつ壊したり、置き換えたりしてきました。しかし、ゲノム編集では狙った部分のゲノム改変がより簡単にできるので、一度に複数の遺伝子を破壊するといったことも可能になってきます。そうなれば、いくつもの遺伝子がどのように協同して生物をつくり、また維持しているのかがわかってくるはずです。これらの知見が、前章で紹介した進化発生生物学の進展にも役立ってくると思われます。

生物個体の形質と遺伝子は、直接的にはほとんど対応していない

ネオダーウィニズムは、「突然変異と自然選択によって、生物の形が世代を継続して変化する」と主張します。そうなると当然、形をつくる遺伝子というものが存在しなくてはなりません。しかし、これまで積み重ねられてきた知見によると、遺伝子はタンパク質をいつ・どこで・どれだけつくるかを決定するものであって、生物の形を直接的に規定するものではないのです。

生物個体の様々な形質と遺伝子は、直接的にはほとんど一対一で対応していません。遺伝学の祖メンデルは、実験によって「エンドウマメの形質を変化させる遺伝子」が存在することに気がつきました。しかし、それはエンドウマメに皺ができる、つまり「ある特徴が生じるかどうか」といった細かいものでしかありませんでした。

その後、発生学が発展してくることにより、遺伝子と形態との関係が明らかになってき

ました。形を決める遺伝子に着目し、いろいろな生物で比較してみたところ、形に関しては基本的に、ほとんどすべての生物で同じような遺伝子が働いていることがわかってきたのです。

昔の考え方ですと、「魚とヒトでは、それぞれ働いている遺伝子が違う」と捉えられていました。そうなると「形を決める遺伝子も、それぞれ違うものが働いていないといけない」のですが、調べてみると形態に関しては魚もヒトもショウジョウバエも、基本的には同じような遺伝子が働いていました。例えば、単眼・複眼といった異なる種類の眼をもつ生物でも、眼の形成に関する遺伝子は共通しているのです。これについては後ほど詳しく説明します。

生物の形を決める「ホメオティック遺伝子」

形を決める遺伝子の中で最も有名なものが、「ホメオティック遺伝子」です。動物には、発生の初期に体の前後の軸や体節を決定する遺伝子群があります。例えばショウジョウバエには八種類のホメオティック遺伝子があり、その発現の組み合わせの違いにより、体の部位（頭部・胸部・腹部）が決定されるのです。

ホメオティック遺伝子はショウジョウバエだけでなく、ヒトをはじめとする脊椎動物にも存在します。ヒトのホメオティック遺伝子は「Ｈｏｘ遺伝子」と呼ばれ、一三種類あることが知られており、これらの遺伝子はＨｏｘＡ、ＨｏｘＢ、ＨｏｘＣ、ＨｏｘＤの四つのグループに重複して存在しています。

ホメオティック遺伝子は、体の中心線を軸に左右対称となっている動物には必ず存在する遺伝子群です。生物の歴史をさかのぼっていくと、現在まで続く動物の基本的な体制（門）がほぼすべて出揃ったのは、約五億四〇〇〇万年前から始まるカンブリア紀（約五億四〇〇〇万年前〜四億九〇〇〇万年前）だと言われています。カンブリア紀に動物の種類が爆発的に増大して、今日見られる動物の基本型が出揃いました。これを「カンブリア爆発」と呼びます。この時に現れた動物は、ホメオティック遺伝子のもとになった遺伝子をすでにもっていたのではないかと考えられています。

さらに言えば、この地球上に真正の多細胞生物が誕生したのは、エディアカラ生物群が登場する約六億年前です。エディアカラ生物群は、先カンブリア時代末期に出現した動物の一群と考えられており、硬い骨格や殻をもたない体をしていました。ホメオティック遺伝子の原型は、もしかしたらこの年代までさかのぼることができるかもしれません。

背と腹はかえられる

ただし、同じ遺伝子をもっているからといって、必ずしも形質が同じになるとは限りません。例えば、ヒトの背骨には脊髄という、非常に太い神経が通っていますが、同じような太い神経が昆虫の場合はお腹の側にあります。

なぜ、このようなことが起こるのかというと、昆虫の腹側で発現している遺伝子が、脊椎動物では背側にあるからなのです。節足動物のショウジョウバエの腹側では「ソグ」という遺伝子が発現し、腹側神経系の形成に役立っています。一方、脊椎動物のアフリカツメガエルでは、背側に背側神経系をつくる「コルディン」という遺伝子が発現しています。ショウジョウバエの遺伝子「ソグ」と、アフリカツメガエルの遺伝子「コルディン」は、基本的に同じものです。それが腹側と背側でひっくり返して使われているのです。また、ショウジョウバエの背側で発現する「ｄｐｐ」という遺伝子と、アフリカツメガエルの腹側で発現する「ＢＭＰ－４」という遺伝子も、基本的に同じものであることがわかっています。

ヒトも脊椎動物の仲間なので、アフリカツメガエルと同じように、昆虫では腹側で働いている遺伝子がひっくり返って背側で発現しています。つまり、昆虫とヒトの違いは「お腹と背中をひっくり返しただけ」ということが言えるのです。「背に腹はかえられない」ということわざがありますが、「お腹と背中をかえてしまう」ことが無脊椎動物と脊椎動物の系統発生のどこかで起こったのでしょう。

無脊椎動物と脊椎動物で神経系の位置が違うのは、何かのきっかけで遺伝子の発現する場所が逆転してしまったからだと考えられます。そうなると、「多細胞生物の場合、遺伝子の発現する場所の変化というものが、進化の流れを研究するうえで、非常に重要になってくるのではないか」と思われます。これは第三章で取り上げた無顎類から有顎類への進化メカニズムだと考えられるヘテロトピーの、さらに大規模な例と言えるでしょう。

生物の形質は〝文脈〟が大事

ここでもう一つ、遺伝子と進化の関係を示す生物の例を紹介しましょう。生物の眼をつくるのに関係している遺伝子に、「Ｐａｘ６」というものがあります。この遺伝子はショウジョウバエにも脊椎動物にも存在していて、もしショウジョウバエでこの遺伝子が異常になると「眼のないハエ」が発生するのです。

ショウジョウバエには、「アイレス」という眼がなくなってしまう変異があり、この変異に関係する遺伝子は「アイレス遺伝子」と呼ばれています。この遺伝子が異常になると眼のない個体が生まれ、正常であれば眼がつくられるのです。

「アイレス（眼がない）」という名前がついているから混乱しますが、最初に眼をもたないショウジョウバエの原因遺伝子のことを「アイレス」と名づけたので、アイレス遺伝子と呼ばれているわけです。DNAの配列を調べてみると、ショウジョウバエのアイレス遺伝子と哺乳類のPax6遺伝子は、ほぼ同じものであることがわかりました。

そこで、「マウスのPax6遺伝子を、ショウジョウバエに導入する」という実験が行われました。マウスのPax6遺伝子をショウジョウバエの眼に当たる部分以外の場所に挿入して強制発現させたところ、なんとそこに眼が発生したのです。しかも、できた眼はマウスに見られるレンズ眼ではなく、ショウジョウバエと同じ複眼でした。この実験から、「遺伝子が発現して、実際に構造（この場合は眼）をつくる時は、遺伝子の機能とともに〝文脈〟が大事になってくる」ことがわかります。

ここで言う文脈とは、遺伝子とそれが発現する細胞内部のDNAやタンパク質の関係を指しています。つまり、同じ遺伝子でも発現する細胞によって、その後に働く遺伝子群が異なるので、違うものがつくられるのです。これは日常会話において、話す相手や状況によって同じ単語でも意味が変わってしまうのとよく似ています。このように生物の形質の変化に関しては、一つの遺伝子そのものよりも、発現する文脈こそが重要となってくるのです。

また、通常とは異なる環境に生物が置かれると細胞内の状態が変わり、同じ細胞でも遺伝子の発現パターンが変化してきます。このような環境変化が一過性で終わらず、恒常的に続いて変異が固定化されれば、大きな進化へとつながる可能性があるのです。

遺伝子の突然変異がなくともバイソラックス変異体になる

これまで説明してきたように、「ある遺伝子が、どのような働きをするのか」ということは、一義的に決まっているわけではありません。細胞内の環境が変化することにより、遺伝子の発現システムにも大きな変化が生じてくるからです。前章で紹介したウォディントンは、この発現パターンが次世代に受け継がれる可能性を示しました。

前章の内容を手短に復習すると、まずウォディントンはキイロショウジョウバエの卵をエーテルに晒して、四枚翅の個体（バイソラックス変異体）をつくる実験を、何世代にもわたって繰り返しました。実験を繰り返しているうちに四枚翅のショウジョウバエの出現率が徐々に上がっていき、ついにはエーテルを作用させなくても変異した個体が現れたのです。

ウォディントンはこの現象を、遺伝的同化と呼びました。この遺伝的同化は、本来は働かないで眠っていた遺伝子が発現する（あるいは本来働いていた遺伝子が眠らされる）ことによって引き起こされると考えられています。

この場合の遺伝的同化は、エーテルによって遺伝子が突然変異を起こして表現型が変わったわけではありません。外部刺激により遺伝子群の働きに変化が生じたことから、突然変異なしに表現型が変わったのです。そして、それを何世代も繰り返すうちに、あたかも獲得形質が遺伝されたかのように、数世代後には外部刺激なしでも遺伝子群の発現パターンが固定化されました。これはネオダーウィニズムの理論では考えられないことです。

なぜバイソラックス突然変異体が生まれるのか

もちろん遺伝子の突然変異によっても、バイソラックス変異体は生じます。これは「バイソラックス突然変異体」と呼ばれる、ホメオティック遺伝子の異常で発生する変異体の一つです。

DNAは塩基と糖（五炭糖《ごたんとう》）とリン酸からなるヌクレオチドが、多数鎖状につながった高分子化合物です。五炭糖とは五つの炭素を使った糖で、それぞれの炭素には1'〜5'までの番号がつけられています。DNAの構造を詳しく見ていくと、五炭糖はアデニン、グアニン、チミン、シトシンという四種類の塩基と「1'の位置」で結合しています。そして、それぞれの糖（五炭糖）は、リン酸によって「5'の位置」と「3'の位置」で橋渡しされる形で結ばれているのです。分子生物学の慣例から、5'の末端は上流、3'の末端は下流と呼ばれています。（一〇六ページの図参照）

ショウジョウバエのホメオティック遺伝子を調べていくと、ゲノム上で上流に位置するものがお尻をつくることがわかりました。上流から下流側に向かって、腹、胸、頭をつくる遺伝子が並んでいます。胸の部分をもっと詳しく見てみると、ショウジョウバエの胸は「前胸」「中胸」「後胸」という三つのパーツからできていて、二枚の翅は中胸から生えています。

中胸では「Ａｎｔｐ」というホメオティック遺伝子が、そして後胸では「Ａｎｔｐ」と「Ｕｂｘ」というホメオティック遺伝子が働いています。しかし、バイソラックス突然変異体では、後胸の「Ｕｂｘ」が変異して働かなくなり、「Ａｎｔｐ」だけが働きます。す

DNAの構造

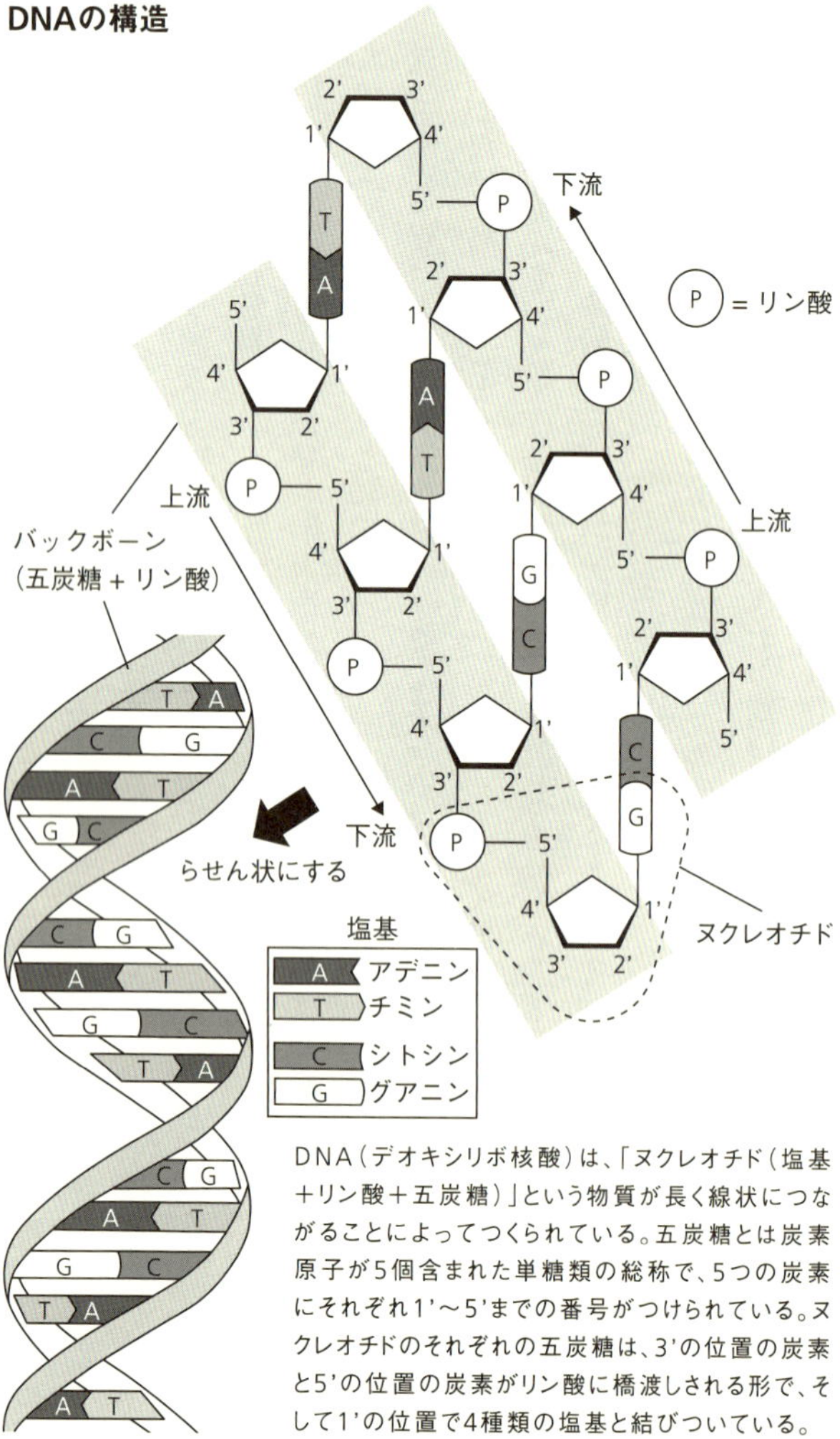

DNA（デオキシリボ核酸）は、「ヌクレオチド（塩基＋リン酸＋五炭糖）」という物質が長く線状につながることによってつくられている。五炭糖とは炭素原子が5個含まれた単糖類の総称で、5つの炭素にそれぞれ1'〜5'までの番号がつけられている。ヌクレオチドのそれぞれの五炭糖は、3'の位置の炭素と5'の位置の炭素がリン酸に橋渡しされる形で、そして1'の位置で4種類の塩基と結びついている。

ると後胸が中胸と同じ形に変化するのです。本来は中胸だけにつくられる翅が後胸にも生えてきて、四枚の翅をもったハエが誕生します。先に述べた遺伝的同化では、これと見た目はまったく同じ現象が、異なるメカニズムで起こったわけです。

遺伝的同化によって生じるバイソラックス変異体は、適応的な変異とは言えません。しかし、環境の変化が原因による遺伝的同化で適応的な変異体が出現すれば、この変異体は自然選択により増加していくはずです。遺伝子の突然変異なしに進化が起こるわけで、遺伝的同化は強力な進化機構の一つなのかもしれません。

新しい進化論の必要性

突然変異と自然選択によって進化が進むと考えるネオダーウィニズムに従えば、生物の進化は徐々に進むことになりますが、そうなると大きな疑問が発生してきます。その疑問をいち早く指摘したのが、第一章でも紹介したファーブルでした。彼は、「狩りバチ」の仲間を観察し、進化が徐々に進むことはあり得ないと批判したのです。

狩りバチは誰に教えられることはなくても、正確な狩りを行えます。なぜなら、自分たちのもっている武器で獲物の急所を正確に攻撃しないと、エサを得ることができずに死んでしまうからです。第一章で述べたように、もしダーウィンの言うとおり「進化は徐々に進む」のが正しいとしたら、完璧な狩りができるハチが出現する前に、武器が未熟だったり、見習い期間だったりするハチが登場するはずです。

ファーブルが観察した驚くべき本能行動のいま一つの例は、木の枝や石の上に「とっくり」のような独特の形状の巣をつくるトックリバチに見られます。ファーブルはトックリバチの巣づくりに、自分たちの子孫を残すための巧妙な戦略を見出しました。

トックリバチは、巣の中にイモムシをたくさん詰めこんだ後で卵を産みつけます。巣の中に詰めこまれたイモムシは、卵から孵った幼虫のエサとなります。

このトックリバチの幼虫を、ファーブルは巣から取り出して飼育しようと試みました。ファーブルとしては、トックリバチの幼虫がエサを食べて大きくなる様子をつぶさに観察したかったのです。しかし、その試みは何度繰り返しても失敗しました。エサとなるイモムシはトックリバチの巣から容易に手に入れることができるので、簡単に育てられると考えていたファーブルにはその理由がわかりませんでした。

ファーブルは最初、トックリバチの卵は、巣の中でエサとなるイモムシたちの上に置かれていると考えました。しかし、やがてそれが間違っていたことに気がつきます。ファーブルは、そのことを以下のように記しています。

イモムシどもは半分しか麻酔されていない。おそらく一回しか剣を刺されていないのであろう。虫ピンで触るとイモムシはあばれるのだ。ハチの幼虫に噛みつかれたらどたんばたんと体をよじることであろう。

（奥本大三郎訳『ファーブル昆虫記』第二巻上一四八ページ／集英社）

巣の中のイモムシは完全には麻酔されておらず、しかもたくさん詰めこまれているので、イモムシの群れに一つの動きでもあれば幼虫は押し潰されて簡単に死んでしまうとファーブルは言っています。その後ファーブルは、トックリバチの卵や幼虫が巣の中でどのような状態になっているのかを調べようと、巣の横側から穴を開けてみました。すると、なんとトックリバチの卵が巣の天井から細い糸で吊り下げられていたのです。

ファーブルが別の巣も同じように開けてみると、そこでは卵と同じようにトックリバチの幼虫が天井から吊り下がっていました。そして、そのままの状態でイモムシを食べていたのです。さらにトックリバチの幼虫は、身の危険を感じると糸を伝って上へと逃げていました。

イモムシの群れの中に少しでも危険な兆候があると、幼虫は鞘の中に引きこもり、天井のほうにのぼるのである。下でうごめいているものどもは、そこまでのぼってくることはできない。

静けさが戻ると、幼虫は鞘の中をすべり降りてきて、また食べはじめる。頭を下にして料理に口をつけながら、尻を上にして後退の用意をしている。

（前掲書第二巻上一五一〜一五二ページ）

トックリバチはこのような複雑な仕組みを巧みに使い、か弱い幼虫の時期を乗り越えていたのです。第一章でも述べましたが、本能行動はプログラムとして、遺伝的に刷り込まれたものと考えられます。恐らく遺伝的な行動パターンの可塑性が、発生途上の刺激によって一義的に固定されたのでしょう。しかし、分子生物学的にその説明をしろと言われても、まったくできないのが現状です。

昆虫たちはこのような完成された本能行動を、いかにして身につけたのでしょうか。ダーウィンの進化論によれば、どのような複雑な行動も、わずかな変異の積み重ねによって獲得されていくことになっています。しかし、トックリバチのような昆虫たちに見られる本能行動には、中途半端な中間段階といったものは存在しえないはずです。

中途半端な行動をする昆虫は、自然界では子孫を残すことができません。狩りバチにしろ、トックリバチにしろ、本能行動を完璧に行うからこそ、厳しい自然界を生き残ることができるのであって、中間段階の昆虫たちを待っているのは絶滅だけです。

つまり、ダーウィンの考えに従うと、ファーブルが出会ったような狩りバチやトックリバチといった昆虫たちは誕生しないことになります。ファーブルは「生物のシステムは継時的に変化するのではなく、一気に構築されなければならない」という共時性の考えを体験的に知っていたのです。

生物のシステムの変化は、徐々にというよりもむしろ「短期的に起こった」と考えるほうが合理的です。現実世界で繰り広げられている進化を説明するには、同一システム内での遺伝子の変異だけでなく、遺伝子の働き方を制御するシステムの変化もしっかりと取り入れた新しい進化論が必要となります。

構造主義進化論

言語学や哲学、社会学、数学など諸科学における考え方の一つに、「構造主義」という方法論があります。構造主義とは、簡単に説明しますと「表面に現れているあらゆる現象の背後には、必ず何らかの深層的な構造が存在する」という考え方です。この理論には、システムの共時性が基本的な原理として取り入れられています。

私は、この構造主義を進化論に当てはめて生物の進化を理解する「構造主義進化論」を提唱しました。前述したとおり、生物の進化は遺伝子だけでは説明できません。同じ遺伝子が発現する場合でも、細胞内部や周囲の環境によって発動する機能に変化が生じてくるからです。

細胞といった遺伝子を取り巻く環境（構造）のもとで、遺伝子の発現パターンは安定化や不安定化を繰り返す——そのような構造の違いによる遺伝子の振る舞い方の変化こそが、生物の進化に影響を与えているのではないかと考え、構造主義進化論を唱えたのです。

生物の遺伝子はどれも単独で発現しているわけではなく、いつも複数の遺伝子が一緒に働いています。従って、ある特定の時期に、ある特定の細胞で、ある特定の遺伝子が発現する場合、どの遺伝子と一緒に働くのかによって形質に違いが出てくるのです。

例えばドミノ倒しのように、決まった順番にスイッチが入らないといけない遺伝子群の場合、一つの遺伝子が働かなくなってしまうとそこで発生が止まり、生物は死んでしまう可能性があります。このように、発生遺伝子が正常なタイミングで正常な場所で働くことが、正常な発生には必要なのです。

遺伝子の発現パターンを左右するDNAのメチル化

先述したウォディントンの遺伝的同化によると、遺伝子は外部の環境によって発現パターンに変化が生じます。この発現パターンが子孫に遺伝することが、進化へとつながるのです。

遺伝子の発現パターンの遺伝といっても、なかなかピンとこない方が多いと思いますので、もう少し詳しく説明しておきましょう。遺伝子の発現パターンを左右するものの一つに、「DNAのメチル化」があります。DNAのメチル化とは、遺伝子を構成している塩基の一つであるシトシン（C）にメチル基が付着することです。もう少し正確に言うと、DNAの上流から下流にかけてC－G（シトシン－グアニン）と並んだCにメチル基が付着することです。このメチル化が起こることによって、遺伝子の発現が抑えられることがわかっています。第三章で述べたように、メチル化はＤＮＡばかりでなく、ＤＮＡに密着しているヒストンにも起こり、これも遺伝子の発現を制御しているのです。

このような、ＤＮＡの塩基配列に変化が起こらずに遺伝子の発現を制御するシステムのことを「エピジェネティクス」と言います。通常、遺伝形質の発現はＤＮＡに記録されている遺伝情報に起因しますが、エピジェネティクスは塩基配列を変えることなく、遺伝子の発現を変化させ、その結果表現型も変わります。

さらに、エピジェネティクスによって制御された状態は、場合によっては遺伝します。これはエピジェネティクスが、「遺伝情報が細胞分裂を通して娘《じょう》細胞（細胞分裂で生じた二つの新しい細胞）に受け継がれる」という遺伝的な特徴をもちながらも、ＤＮＡの塩基配列の変化（突然変異）とは独立の、後天的な遺伝子制御機構だからです。このような「ＤＮＡに書かれていないシステムが世代間で引き継がれ、さらに固定化する」ことが、進化の原因の一つではないかと、私は考えています。

エピジェネティックな構造は、どのくらい安定しているのか

問題は「エピジェネティックな構造が、どのくらい安定しているのか」ということです。

DNAに記録される遺伝子の場合、突然変異などで変化した変異遺伝子は、世代間を安定して伝わっていきます。もし遺伝子の突然変異で何か致命的な問題が起こったとしたら、その個体の系統はそこで途絶えてしまうでしょう。

しかし、DNAに記録されないエピジェネティックな構造は、環境などの要因で変化しやすいのと同時に、数世代経過していくうちに、元の状態に戻ってしまう可能性がありま す。その構造を固定化するには、外部環境の変化がカギになると思われます。

例えば、ある時に環境が劇的に変化してしまい、それ以降、何世代にもわたって同じ環境が続いたとします。その場合、生き残る確率が高いのは、変化した環境に強いエピジェネティックな構造をもった個体です。

では、もしもそこからさらに状況が急変し、環境が元に戻ってしまったとしたらどうなるでしょうか。個体の遺伝子そのものが変化してしまっているとしたら、恐らく再びもたらされた環境変化に素早く対応するのは困難でしょう。

しかし、エピジェネティックな構造が変化しただけの個体であれば、生き残る可能性は高くなります。なぜなら、遺伝子そのものは変わっていないので、またエピジェネティックな構造を変化させ、遺伝子の使い方を再び変えることで、元の環境に合った生物へと変化できるかもしれないからです。生物が生き残るためには、遺伝子そのものが変化するよりも、環境に合わせて使い方を変えたほうが有利なのかもしれません。

生物の形を決める細胞表面タンパク質

ただ、問題は「遺伝子の発現パターンが、どのように決まるのか」がよくわかっていないことです。さらに、エピジェネティックな構造も含めて一つのシステムとして考えた時に、そのシステムの安定性がどのように決まるのかも、まだはっきりしていません。

繰り返しになりますが、遺伝子はどのようなタンパク質がつくられるのかを決めているだけです。遺伝子の解析が進んだことで、どのようなタンパク質がつくられるのかは徐々に解明されてきました。ただ、細胞の表面で発現するタンパク質についてはまだよくわかっていないことが多いのです。

近年の研究により、「生物の形を決めるのは、細胞の表面のタンパク質がカギを握っている」ということがわかっています。細胞の表面は他の細胞と接しているので、細胞の表面のタンパク質は他の細胞との親和性や排斥性にとても大きな影響を与えているのです。

タンパク質は、いくつものアミノ酸が連なることからつくられています。しかも、ただ単にアミノ酸が連なっているのではなく、三次元的な立体構造をつくってそれぞれの機能を担っています。表面のタンパク質が変化すれば、当然、そのタンパク質と親和性の高い細胞や離反する細胞の種類も変わってきます。

多細胞生物は、発生の途中で遺伝子の発現パターンを変化させることで、様々な表面タンパク質をつくっていきます。表面タンパク質が異なれば親和性の高い細胞の種類も異なるので、形態はダイナミックに変化していき、様々な組織がつくられていきます。このように、表面タンパク質の分布パターンの変動と安定性が、生物の形態を構築していくと考えられます。

現段階では、細胞表面の状況まではよくわかってはいません。しかし、今後さらに研究が進んでいけば、遺伝子の使い方を変化させるエピジェネティックな構造と細胞表面のタンパク質の発現がどのように関係しているのかも、明らかになってくるでしょう。

新しいリスク

構造主義進化論では、生物を一つのシステムとして捉えています。同じゲノムであっても、その周りを取り巻く環境が変わってしまえば、遺伝子の発現パターンが違ってきて、形態も変化する。そういう意味でも、ゲノムが働く最初の環境、つまり受精卵が最も重要になってくるのです。

受精卵の中に存在するタンパク質の種類や量は、それぞれの種によって異なります。その違いもまた、生物の形質を決定するのに、大きな影響を与えているのです。その全貌が明らかになれば、生物の進化の仕組みもより詳しくわかってくるでしょう。

しかしヒトの受精卵を研究するとなると、倫理的な問題が発生してきます。先に紹介したゲノム編集といった技術も、特にヒト胚の編集については倫理的に物議を醸しています。ヒト受精卵のゲノム編集では、二〇一五年の四月に中国の研究チームが「世界で初めてゲノム編集をヒト受精卵に適用した」と、『プロテイン&セル』誌に発表しました。また、二〇一六年に入ると、広州医科大のチームが二例目となる研究を行ったと、米生殖医学会誌に発表しています。日本でも政府の生命倫理専門調査会が、「基礎研究に限って認める」といった見解をまとめました。しかし、ゲノム編集のヒトへの応用は、親や権力者が望むデザイナーベイビーを生み出すことにつながるのではないかと憂慮されています。

人工的に生物進化を実現させることができれば、生物進化が事実であることが実証されます。しかし、そうなれば「人為的に生物を進化させていいものか」といった問題の是非が、問われるようになってくるでしょう。

科学の進歩により、私たちは生命の仕組みを明らかにする新しい技術を手に入れました。これらの技術は、人類に新たな知見をもたらすものですが、その応用には十分な配慮と注意が必要です。

生物学はゲノムを解析することで、自然界には存在しない遺伝子をもつ生物をつくることまで可能にしました。しかし、一方でこれは様々な倫理的な問題を惹起し、人工的にヒトや他の生物を予測不能に改変するリスクを孕《はら》んでいるのです。新しい技術でできることばかりでなく、それに伴うリスクや管理方法などの情報を社会の人たちと共有し、社会全体の合意形成を図りながら研究を進めていく姿勢が、今後さらに重要となってくると思います。

第五章　生物のボディプラン

哺乳類の首の骨の数は、基本的に七つと定められている

ほとんどの哺乳類の首は、七つの骨から構成されています。体の大きさや首の長さにかかわらず、ヒトも、ゾウも、キリンも哺乳類の首の骨の数は七つと決まっているのです。数少ない例外として、ホフマンナマケモノとマナティーが六つ、アリクイが八つ、ミユビナマケモノが九つといった動物たちが存在します。世界には四〇〇〇種以上の哺乳類がいると言われているのに例外はごく少数です。だから「哺乳類の首の骨は七つ」というのは、かなり厳密に決められたルールと言っても問題ありません。

では、なぜ哺乳類の首の骨の数は七つで共通しているのか――それは哺乳類に共通した、ボディプラン（体制）が存在しているからなのです。

ボディプランとは、生物の諸器官の配置や分化の状態といった、生物体がもつ構造上の基本形式のことを言います。先ほどの「首の骨の数は基本的に七つ」といったことも、哺乳類のボディプランに組み込まれたシステム上の制約です。その制約が、DNAに書き込まれているのか、それともエピジェネティックな構造の中で規定されているのかは、分子生物学的にもよくわかっていません。しかし、細胞の中に哺乳類を哺乳類たらしめているシステムが存在しているのは確かなことなのです。

ちなみに、哺乳類以外の生物では、現生爬虫類《はちゅうるい》の首の骨の数は八つですが、化石爬虫類のクビナガリュウでは三〇個以上のものが知られています。鳥類は八個以上と多く、ほとんどの種では一一〜二五個もあります。両生類の首の骨は一つで、魚類に至っては、首の骨自体がありません。首の骨ができたことで、動物が水中から陸上に生活の場を移した時に、頭を動かして周りを見たりエサを食べたりするのに便利になったことは確かでしょう。

哺乳類は爬虫類から生まれた

進化の歴史を繙《ひもと》いてみると、哺乳類は原始的な爬虫類の仲間から派生しました。つまり、進化の過程をたどっていくと、哺乳類は爬虫類の一部だったと言うことができるのです。これは「哺乳類型爬虫類」とも呼ばれる生物で、原始的な爬虫類と哺乳類をつなぐグループです。

哺乳類や爬虫類などの有羊膜類は、側頭窓《そくとうそう》という頭蓋骨の側面に開いた穴の数で、その系統が大きく分けられます。側頭窓がないのが「無弓類《むきゅうるい》」で、側頭窓が左右に一つずつ開いているのが「単弓類」です。そして側頭窓が左右二つずつあるのは「双弓類《そうきゅうるい》」と呼ば

側頭窓

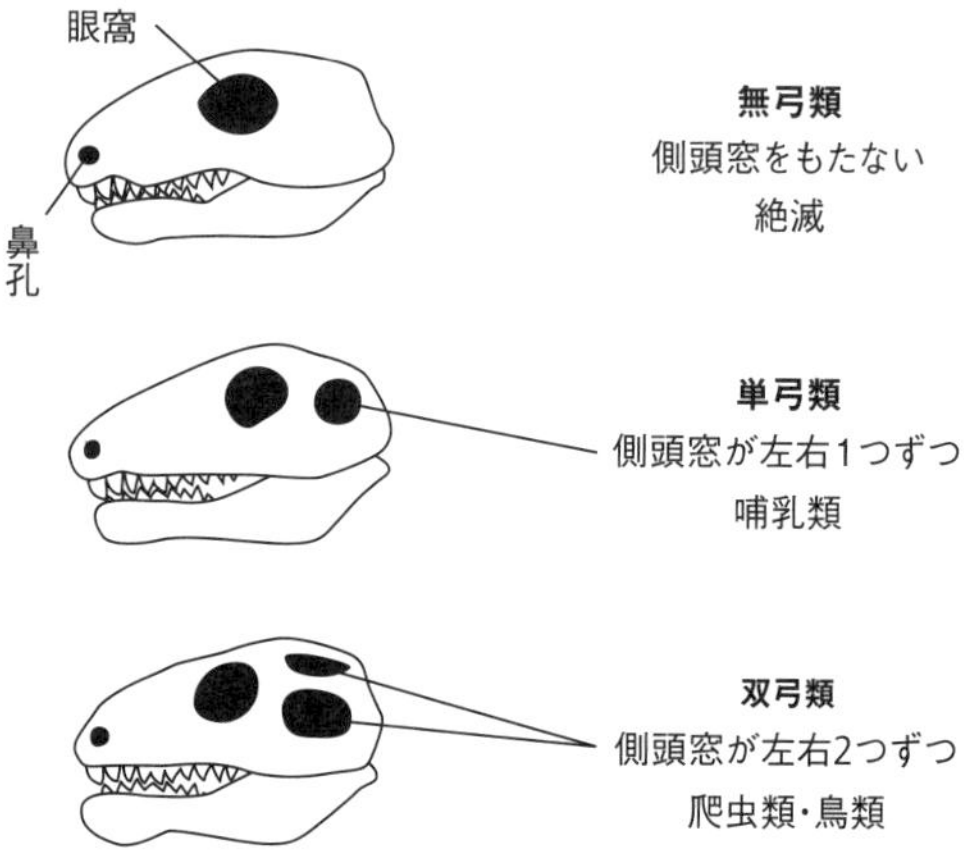

れています。

無弓類とは、すでに絶滅している原始的な爬虫類のグループです。以前はカメも無弓類に分類されていましたが、DNA解析の結果、カメは双弓類で二次的に側頭窓を失ったと考えられています。哺乳類型爬虫類や現在の哺乳類は単弓類に分類され、それ以外のすべての爬虫類は双弓類ということになります。これらの三つの爬虫類のグループは、石炭紀（三億六〇〇〇万年〜二億九〇〇〇万年前）に、ほぼ時を同じくして出現したと言われています。

単弓類と双弓類は側頭窓が頭蓋骨につくられることによって、あごの筋肉の付着面が広がり、嚙む力が増していきました。現在の哺乳類は、原始的な単弓類から進化していく過程でボディプランを規定するシステムがつくられ、そこから外れることができなくなったと考えられています。

哺乳類はシステムの枠内で様々な変更を行ってきた

私たちは哺乳類を規定するシステムを、「首の骨が七個」といった表面に現れた形態的な特徴からしか認識することができませんが、そのような制約は細胞や分子レベルにも存在しているはずです。そういった分子レベルの制約が強い拘束力を発揮することにより、生物としての安定性を保っているのです。

システムの拘束力が強いというと、何やら杓子《しゃくし》定規な感じで、一切の変更を許さないといった印象を与えてしまいますが、実際はそうではありません。例えば、五〇〇〇万年ほど前の始新世《ししんせい》の原始的なクジラは四つ足でした。四つ足のクジラは哺乳類というシステムの枠の中で、「足をなくす」ように進化したのです。ネズミからクジラまでたくさんの種類があることからもわかるように、哺乳類は長い間、システムの枠内で様々な変更を行ってきました。

クジラ以外の足が変化した哺乳類としては、アザラシやアシカなどの鰭脚類《ききゃくるい》の仲間がいます。鰭脚類とは水かきのあるヒレ状の前・後肢をもつ、水中生活に適応した動物たちです。それらの動物はほとんど水中で生活していますが、繁殖期になると必ず陸上もしくは氷上で過ごしています。

鰭脚類の足はヒレのようになっていますが、骨格をよく見ると五本の指があり、爪もしっかりと生えています。このように「指は基本的に五本」ということも、哺乳類に組み込まれた制約と言えるかもしれません。

生物はシステムを変更することによって、形態などの基本構造を変化させてきました。システムが変更されると、生物の形質は一気に変化しますから、進化は徐々にではなく、急激に進むことになるはずです。クジラの場合も、哺乳類というシステムの下位レベルの発生システムの変更により足がなくなったことで、海洋生物へと急激に進化していった可能性があります。足がなくなれば、陸上にいるよりも海中に進出したほうが便利だからです。このように、生物は哺乳類、爬虫類といった大きな枠組みの中で下位レベルのシステムを変化させることで、様々な形態をもつようになっていったのかもしれません。

遺伝子に着目すると、多くの生物が共通する塩基配列をもっています。しかし、形態を比べてみると、同じグループに属する生物であっても多種多様です。例えば、クワガタムシの一グループであるオドントラビス属のオスは、同じ種でも長歯型、中歯型、短歯型と様々な形の大あごをもっています。

オドントラビスの大あごがこれほど多様化したのも、決められたシステムの枠内では、ある程度の自由度をもっていたからでしょう。システムの枠内で、どのような形態を選択するのかは、遺伝子の違いばかりでなく、エピジェネティックな条件によっても変わってくると考えられます。

人類がさらに進化する可能性

地球上の生物は、これまで五度にわたって大量絶滅を経験してきました。オルドビス紀末、デボン紀後期、ペルム紀末、三畳紀末、白亜紀末の五回で、これらの大量絶滅は「ビッグファイブ」と呼ばれています。そして大量絶滅の後には、新しいグループが急激に進化してきました。

哺乳類の起源は古く、すでに三畳紀後期の二億二五〇〇万年前には哺乳類になりかけの動物が登場していたと言われています。これは「哺乳形類」と呼ばれるもので、最古のものはアデロバシレウスという、見かけは現在のネズミとよく似た動物です。この属名は

「目立たない王」を意味しています。

アデロバシレウスは祖先の獣弓類《じゅうきゅうるい》との類似点も見られますが、眼窩に視神経孔があるなど現在の哺乳類にも見られる特徴をもっていました。この哺乳形類の仲間から、真の哺乳類が進化しました。哺乳類には哺乳類特有のシステムがあり、それを具現化したのが、地球上に現れた哺乳類の仲間たちです。誕生から二億年以上もほとんど同じシステムが維持されているのですから、現生の哺乳類の構造はたいへん安定していると言ってもいいでしょう。

現生人類は二〇万〜一五万年前に誕生したと言われています。比較的新しく生まれましたので、哺乳類の中でもより完成されたシステムをもっている生物なのです。よく、「人類がさらに進化したらどうなるのか」という話が議論されますが、生物学的に考えていくと、これだけ安定したシステムをもっているヒトがさらに進化することは考えにくいと思います。

システムの違いに基づいて分類する

近年、生物のもつタンパク質のアミノ酸配列や遺伝子の塩基配列を用いて進化の系統をたどる、「分子系統学」が発展してきました。その結果、クジラとカバが実は近縁であることがわかりました。現在流行している分類学（分岐分類学）は、この遺伝的な系統をもとにして生物の分類を行っています。

ただし、私はこの分類方法には反対しています。この分岐分類学だと、クジラもカバもウシも、偶蹄類《ぐうているい》として同じ扱いとなってしまうからです。偶蹄類とはカバやブタ、ウシ、シカなど前・後肢の指の数が通常二本または四本の動物たちのことを指します。ブタやウシとクジラが同じ仲間と考える分類方法は、私たちのナイーブな感覚からはかなり乖離《かいり》していると言わざるをえません。

クジラの仲間は、普通の偶蹄類とは特徴が著しく異なっています。偶蹄類の仲間からクジラになるところの分岐で、システム上の大きな変化が起きたからです。だとすると、クジラの仲間を独立したグループと認めたほうが、より合理的だと思われます。

進化の歴史は、生物の分岐の歴史と捉えることができます。分岐には、生物のボディプランに大きな変更を与えた重要な分岐と、それ以外の些末《さまつ》な分岐があり、この二つは分けて考える必要があります。クジラとカバは、確かにDNAの配列は似ているかもしれません。しかし、形態や手足の機能などはまったく違うのですから、クジラを偶蹄類に含めるのはボディプランから考えて無理があると思います。

分子系統学的には、すべての脊椎動物は魚類の一部

系統のみを基準に考えると、哺乳類は爬虫類から分岐した一群なので、哺乳類を爬虫類と同格で分類することは間違っていることになります。さらに言えば、脊椎動物に属する動物はすべて魚類から分岐しているので、魚類とその他の動物を同格に扱うこともできません。なぜなら、分子系統学的には、すべての脊椎動物は魚類の一部になってしまうからです。

しかし、系統的には正しいとしても、両生類、爬虫類、鳥類、哺乳類のすべてが魚類の一部というのは、ほとんどの人が納得いかないと思います。生物の分類にはＤＮＡの類似性から考える系統とは別に、第四章で触れたように遺伝子の使い方の変化にも注目していく必要があるのです。

私は「側系統群《そくけいとうぐん》」を擁護しています。側系統群とは何かご存じない方も多いと思われますので、簡単に説明しておきましょう。まず、一つの共通祖先から枝分かれしていった子孫種すべてをまとめたグループを「単系統群《たんけいとうぐん》」と言います。この単系統群の中では、系統

が分岐した時の共通祖先のもっていた形質が共有されていると考えられます（二次的に失われる場合もある）。このような性質を、「共有派生形質」と言います。

この観点からすると、同じ共有派生形質をもつすべての生物は、一つの単系統群に入るのです。哺乳類・脊椎動物・種子植物・被子植物などが、この単系統群にあたります。

一方、側系統群とは、共通祖先の子孫種からいくつかの小さな単系統群を除いて、その残りをまとめたものを指しています。具体的には、鳥類を含まない場合の爬虫類や双子葉植物（被子植物から単系統群の単子葉植物を除いた残り）などが、側系統群の生物です。

そして生物の分類群のうち、異なる複数の進化的系統からなるものを「多系統群《たけいとりぐん》」と言います。これは「恒温動物」など、共通祖先に由来しない特徴によるまとまりです。恒温性は哺乳類と鳥類に見られる特性ですが、この性質はそれぞれ独自に獲得されたと考えられています。従って、恒温動物という言葉は分類学上の一群としては成立しないのです。

側系統群を擁護する

分岐分類学的には、多系統群は自然分類でないとして排除されます。それはもっともなことで、例えば「空を飛べる」という理由だけで、鳥と昆虫を一つのグループにまとめるわけにはいきません。側系統群も単系統ではないので、分岐分類学者はこれを真正な分類群として認めていないのです。

しかし私は、側系統群のすべてを正統な分類群から排除するべきではないと考えます。かつて生物の形態の変化は、種分岐の順序とほぼ一致して進むと考えられていました。ゆえに分岐分類学では、種分岐の歴史的な順序に基づいて生物を分類するのが最も正しい方法だと考えたのです。ところが、生物の研究が進むと、生物進化のパターンは分岐の順序だけでは語ることができないことがわかってきました。

細菌の中には、分裂によって遺伝子が伝わっていく「垂直伝播《でんぱ》」だけでなく、ある種の遺伝子が別の種にも伝わる「水平伝播」が起こっていることが確認されています。垂直伝播とは、私たちがよく知っているように、親から子、子から孫へというように、世代間で遺伝子が伝わっていくことです。一方、水平伝播とは、遺伝子が種を超えて別の個体に取り込まれることを言います。

例えば、病原性の大腸菌として有名な腸管出血性大腸菌「O157」のベロ毒素を生産するDNAは、赤痢菌のDNAが水平伝播によって乗り移ってきたものと考えられています。「O157」のベロ毒素を生産するDNAが、赤痢菌のもっているベロ毒素生産のD

NAと非常によく似ているからです。また、ヒトのDNAにもRNAウイルスの遺伝子が取り込まれた痕跡が発見されています。水平伝播は系統に関係なく起こりますので、こうなると分岐の順序で分類すること自体に意味がなくなってしまうでしょう。

分類というのは、生物の同一性と差違性を体系化することです。生物の形態の違いが分岐のパターンとパラレルになっていないことは明らかなので、単系統群にこだわり続けるのは賢い方法論とは言えません。単系統群の中で大きなシステム上の変更が認められた生物は、別の単系統群として独立させ、残りの側系統群も同一のボディプランを共有しているグループとして真正な分類群の地位を与えたほうが、実際の生物の進化に即していますし、同一性と差違性がよりはっきりとしてくるはずです。

第四章でお話ししたとおり、DNAの違いだけを比べていたのでは生物を分類することはできません。遺伝子の使い方も含めて考えていかないと、生物の分類群という概念が間違って捉えられてしまいます。構造主義生物学の視点からは、側系統群を支持するのは、ごく当然のことなのです。

原核生物から真核生物への進化に一つの答えを与えた細胞内共生説

生物の系統樹を作成するうえで、かつて最も困難であったのは「原核生物から真核生物への進化をどう説明するか」でした。真核生物の細胞は原核生物の細胞と比べて、複雑な構造をしています。この問題に、一つの答えを与えたのが「細胞内共生説」です。

細胞内共生説とは、生命は原核生物から真核生物に進化する過程で、大きな原核細胞が小さな原核細胞を細胞内に取り込み、真核細胞へと進化したとする学説です。

真核生物の細胞内共生説は、二〇世紀初頭にはすでに提唱されていました。しかし、進化論の主流とされるネオダーウィニズムと対立する仮説でしたので、長い間、注目されることはありませんでした。その細胞内共生説の名を一気に世界中に広める役割を果たしたのが、アメリカの生物学者リン・マーギュリス（一九三八～二〇一一年）です。彼女がこの説の核となる論文を発表したのは一九六七年のことでした。しかし、その主張は当時信じられていた生物学の考え方とはあまりにもかけ離れていたので、一五回も学術雑誌から掲載を拒否されたあげく、一六回目にやっと『理論生物学会誌』に掲載されました。

細胞内共生説とは、真核細胞の中にあるミトコンドリアや葉緑体などの細胞小器官は、細胞内に共生化した原核生物に由来するという仮説です。共生した生物の起源は、ミトコンドリアが好気性細菌、葉緑体がシアノバクテリアだと考えられています。

実際にDNAを解析してみると、ミトコンドリアのDNAは酸素呼吸をする特殊なバクテリアのDNAと、葉緑体のDNAはあるタイプのシアノバクテリアのDNAとたいへんよく似ていることがわかりました。ミトコンドリアと葉緑体が、もともとは独立した生物であることを示唆している証拠は、他にも「それぞれ独自のDNAをもち、そこにはミトコンドリアと葉緑体のタンパク質をつくる遺伝子の一部が含まれている」ことや、「どちらも二重膜で包まれている」ことなどが挙げられます。

大部分の生物の細胞膜は脂質が二重になっていて、これは二重膜構造と呼ばれています。ミトコンドリアと葉緑体が二重膜構造になっているということは、これらがもともと独立した細胞、つまり原核生物だった可能性を示唆しています。これらの証拠が示されたことにより、今では細胞内共生説はほぼ正しいと考えられています。

生物は共生することで生き残る術を得た

細胞内共生のはじまりについては、弱肉強食的な考え方と、相利共生的な考え方の二通りの説があります。どちらの説が正しいにせよ、はっきりしているのは宿主生物のDNA

に突然変異が起こったわけではないことです。細胞内共生説によると、生物のシステムは外界からいきなり入ってきた別の生物に対応することで変化しました。つまり、突然変異と自然選択により段階的に進化してきたというネオダーウィニズム的な考え方ではなく、原核細胞から一気に進化したことになるのです。

生物の歴史の中では、原核生物の時代が長く続いてきました。そこは様々な生物が、食う・食われるという競争を繰り広げていた世界です。そのような競争の中で、生物は共生することで新しい世界を切り開いたのです。

現在のような、ミトコンドリアや葉緑体との共生という形態に落ちつくまでの間には、数え切れないほどの生物が共生にチャレンジしたことでしょう。あるペアでは宿主側が殺されてしまったかもしれないし、宿主側・寄生側両方とも死んでしまったケースもあったかもしれません。いろいろなパターンが試される中で、たまたまうまくいったものが、現在の真核生物の祖先となったのです。

ネオダーウィニズムを批判したマーギュリス

マーギュリスの唱えた細胞内共生説は、「生物間の協調」を重視した考えです。細胞内共生は突然変異と自然選択により生じたわけではなく、いわばアクシデントの結果生じたのです。マーギュリスはネオダーウィニズムの主張する突然変異と自然選択を完全に否定しているわけではありませんが、「すべての進化は遺伝子の突然変異と自然選択の結果生じた」というネオダーウィニズムの理論に対しては激しく反対していました。

今からおよそ三八億年前の地球に誕生した生物は、はっきりとした核をもたない原核生物だったと言われています。原始的な生物である原核生物は、細胞小器官もない非常に単純な構造をしていました。それらの生物が協力する契機となったのが、「酸素の増加」という重大な環境の変化でした。

地球は約四六億年前に誕生してから長い間、大気に酸素がほとんど含まれていませんでした。ところが、今から約二七億年前に光合成によって酸素をつくり出すシアノバクテリアが登場したことにより、環境が大きく変わったのです。

それまでの地球に生息していたのは、酸素のない環境でしか生きられない嫌気性の生物がほとんどでした。酸素は非常に強い酸化力をもつ活性酸素となりやすく、生物にとっては有毒です。シアノバクテリアが大量の酸素をつくり出すことにより、その頃生きていた生物の多くは滅ぼされたのです。現在、人間は地球環境の最大の破壊者だとよく言われていますが、生物の歴史を振り返ってみると、最初にして最大の環境破壊者はシアノバクテリアだったのです。

そのように環境が劇的に変化する状況で生物の取った対抗策が、細胞内共生だったのではないかと思われます。原核生物の中に、たまたま酸素を利用してエネルギーを産生できるものがいました。しかし、すべての細菌が短期間に、そのような能力を得るのは難しい。酸素呼吸ができるミトコンドリアの祖先バクテリアと共生をするようになった細菌は、たなぼた式に酸素呼吸が可能になり、酸素が多い環境でも生き延びられたのでしょう。このような細胞内共生によって、原核生物から真核生物が誕生し、やがて私たちの祖先が生まれました。

生物の進化は、突然変異と自然選択だけでは解き明かせない

この共生という行動は遙《はる》か昔の出来事というわけではなく、現代の生物も行っています。例えば、深海に暮らすゴエモンコシオリエビは、自身の体毛に化学合成バクテリアを棲まわせる見返りとして、そのバクテリアを摂取し、栄養にしていることが近年明らかになりました。

火山活動が活発なプレート境界付近では、海底下から摂氏二〇〇～三〇〇度ほどの熱水が噴出する「熱水噴出孔」がよく見かけられます。この熱水噴出孔から噴き出してくる熱水には、メタンや硫化水素などの化学物質がふんだんに含まれていて、それを目当てにしている生物により複雑な社会が形成されているのです。

化学合成バクテリアたちはゴエモンコシオリエビと共生しているお陰で、熱水中のメタンや硫化水素を安定的に得ることができると考えられています。ゴエモンコシオリエビは、メタンや硫化水素の豊富な場所へと移動することができるからです。そして、ゴエモンコシオリエビはその見返りとして、付着したバクテリアをときおり食べているというのです。

細胞内共生も初めのうちは、互いに独立の生物として、共利共生あるいは競争関係だったのでしょうが、それがだんだんと小さな細菌が大きな細菌中の部品として取り込まれていき、細胞内の小器官となっていったと考えられています。

生物の進化は、ネオダーウィニズムの考える突然変異と自然選択だけでは解き明かせないほど、複雑でダイナミックなものです。マーギュリスが唱えた細胞内共生説は、その一端を明らかにしましたが、生物の進化については、いまだわかっていないことだらけだと言うことができるでしょう。

第六章　ＤＮＡを失うことでヒトの脳は大きくなった

ノンコーディングDNAが、遺伝子の発現をコントロールしている

一五年ほど前のことですが、「ヒトとチンパンジーのゲノムは、九八パーセント以上が共通していた」という研究結果が発表され、話題になりました。ヒトとチンパンジーは七〇〇万年前に分岐して以来、それぞれ別々の進化を遂げてきたのに、塩基配列はたった一・二パーセント程度の違いしかなかったというのです。

そのヒトとチンパンジーのDNAの違いに関して、二〇一一年の科学雑誌『ネイチャー』に「チンパンジーにあって、ヒトにはないDNA配列が五一〇個見つかった」というスタンフォード大学のコーリー・マクリーン博士らの論文が掲載されました。そこには、「これら五一〇個のDNA配列の消失が、チンパンジーとヒトの形質の違いにかなり関係している」と書かれていたのです。これらの研究結果から推測すると、「ヒトはDNA配列の一部を捨てることにより、サルから進化した」という可能性が考えられます。

さらに興味深いことに、これらの消失したDNA配列は、タンパク質をつくる情報をもたない「ノンコーディングDNA」領域のものでした。遺伝子とはタンパク質をコードするDNA配列を指し、それ以外のノンコーディングDNA部分は、一昔前まではジャンクDNAと呼ばれ、「ガラクタDNA」だと思われていました。

タンパク質をつくる遺伝子以外の塩基配列は、「ジャンク」の名のとおり長い間、何の役にも立たないと考えられていたのです。ところが最近では、このノンコーディングDNAの中に遺伝子の発現をコントロールする役割を担っている重要な部位があることがわかってきました。

チンパンジーからヒトへの進化には、このノンコーディングDNAの消失が大きくかかわっている可能性があるのです。チンパンジーから消失した五一〇個のDNA配列の中の一つは、腫瘍の抑制に関与する「GADD45G」という遺伝子の近くにありました。

GADD45G遺伝子は組織の成長を抑制するシグナルとして働き、腫瘍が増殖するのを抑えたり、他の臓器の発育を制御したりする役割を果たしています。そして、このGADD45G遺伝子の近くにあったヒトから消失したDNA配列の一つも、何らかの組織の成長を抑制していた可能性があります。

では、消失したDNA配列は、どのような組織の成長を抑制していたのでしょうか。実は、「この失われたDNA配列は、特定の脳領域の成長を抑制する働きをもっていた」と考えられているのです。

人類の脳が大きくなった原因

ヒトとチンパンジーの脳の容量には、かなりの違いがあります。チンパンジーの脳は四〇〇ccあるかないかなのに対し、現生人類の脳は一三五〇ccです。ちなみに、ネアンデルタール人は現生人類よりも大きな脳をもっていて、脳の容量は一四五〇ccもありました。

脳容量の大きさは、人類と他の動物とを分ける大きな特徴の一つです。人類が大きな脳をもつためには、どこかで劇的な変化が起こる必要があります。先ほどの『ネイチャー』に掲載された論文によると、「人類の脳が大きくなったのは、脳を大きくするDNAを獲得したからではなく、脳の肥大化を抑制するDNAを失ったことによる可能性が高い」のです。

もともと霊長類のボディシステムは、脳の容量が大きくも小さくもなるよう、ある程度の幅をもっていたと思われます。ヒトは脳の肥大化を抑制するDNA配列を失ったことで、大きな脳を獲得することができたのでしょう。

遺伝子の発現を調節するマイクロRNA

ヒトの脳が大きくなった原因が「失われたDNA配列」にあるとすれば、タンパク質に翻訳されないノンコーディングDNAの中には、生物の形質変化に関与している配列が他にもあるはずです。現在注目されているのが「マイクロRNA」です。通常、RNAはDNAの遺伝情報を転写してタンパク質をつくり出します。RNAからタンパク質を合成することは翻訳と呼ばれ、翻訳に関与する翻訳性RNAは「メッセンジャーRNA」です。一方、非翻訳性のRNAは「ノンコーディングRNA」と呼ばれ、その代表がマイクロRNAなのです。

マイクロRNAは、文字どおり非常に小さな一本鎖RNAのことで、二〇〜二五個の塩基で構成されています。マイクロRNAは他のRNAと同じく、DNAから転写されてつくられます。かつては機能がわからなかったノンコーディングDNAの一部が、今では遺伝子の発現を調節するマイクロRNAをつくる領域として認識されているのです。

マイクロRNAは、相補的なメッセンジャーRNAを認識して切断します。遺伝子がメッセンジャーRNAをつくっても、マイクロRNAによって切断されてはタンパク質を合成することはできません。すなわち、マイクロRNAは遺伝子の制御装置として働いているのです。

現在の生物学では、タンパク質をつくる情報を担っているDNA配列だけを遺伝子と呼んでいます。しかしノンコーディングDNAの研究が進めば、様々な機能を有しているDNA配列が、今後さらに発見されるはずです。生物にとって意味のない本当の「ジャンクDNA」は、実際はそれほど多くないのではないかと私は思っています。将来、より多くのノンコーディングDNAの機能が判明してくれば、発生や進化の仕組みもはっきりわかってくるでしょう。

脳が大きくなることと体毛が薄くなったことは関係がある?

先にも述べましたが、人類がチンパンジーと分かれたのは、今から七〇〇万年前だと言われています。現在発見されている最古の人類化石はアフリカ中央部のチャドで発見された「サヘラントロプス・チャデンシス」です。この化石は七〇〇万～六〇〇万年前のもので、人類がチンパンジーと分かれた直後のものと考えられています。

このサヘラントロプス・チャデンシスは、頭の骨がほぼ完全な形で見つかりました。頭骨の大後頭孔《あな》(脊髄が通る孔)が下方にあるので直立していたと考えられており、人類に属すると見なされています。頭の骨から推測される脳の大きさは三六〇～三七〇ccと、現在のチンパンジーとほとんど変わりません。

ヒトの脳が大きくなり始めたのは、およそ二四〇万年前からです。この頃、遺伝的なシステムに大きな変更があったので、脳の容量が大きくなり始めたと考えられています。先ほどお話ししたＤＮＡ配列の欠損がその一因を担っているかもしれませんが、はっきりしたことはまだわかっていません。しかし、ヒトの脳が大きくなっていったことと、体毛が薄くなっていったことには何らかの関係性があると、私は考えています。

脳と体毛の間に、いったいどのような関係があるのか――その理由について、順を追って説明していきましょう。

まず脊椎動物は、一つの細胞である受精卵から発生・分化していく時、内胚葉・外胚葉・中胚葉へと分かれていきます。内胚葉は将来、消化管の主要部分や呼吸器などを形成する細胞群です。中胚葉は外胚葉と内胚葉の間にある細胞群で、骨格や筋肉へと変化していきます。そして外胚葉は神経や表皮、つまり脳や皮膚になるのです。だから、外胚葉で働く遺伝子が変化して脳が大きくなったり、体毛が薄くなったりしたのだと考えられます。

東南アジアによく見られるシャベル型の切歯と、黒く太い髪の毛の二つの形質に同じ遺伝子が関与しているという研究が、最近発表されました。シャベル型の切歯とは、前歯の裏側が少しえぐれたような形をしたものです。東アジア系に限ると、およそ八割の人がこ

胚葉の分化（原胚子）

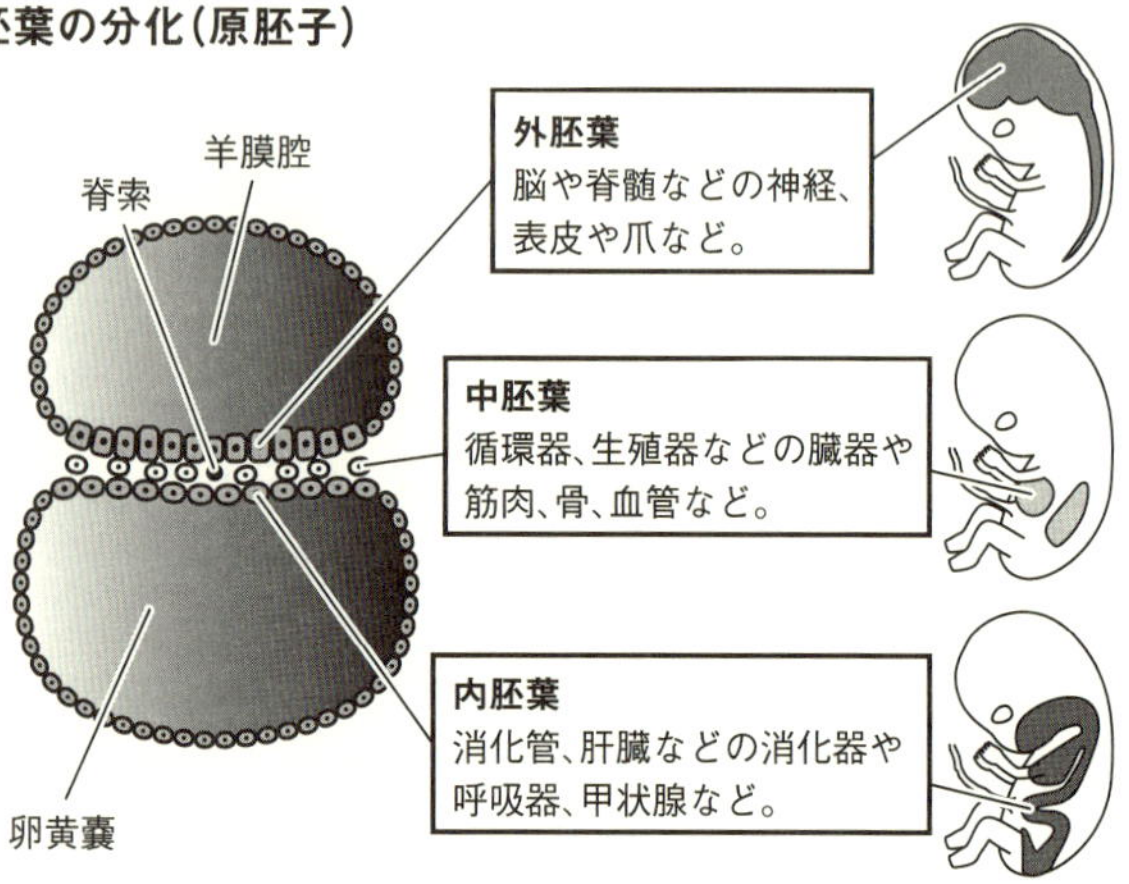

のシャベル型の切歯をもっていると言われています。

このシャベル型の切歯に関与しているのは、第二染色体（ヒトがもっている二三対の染色体のうち、二番目に大きいもの）にある「ＥＤＡＲ遺伝子」です。そして、このＥＤＡＲ遺伝子は、東アジア系の人に多く見られるような黒くて硬い髪にも関係していました。シャベル型の切歯を形づくるのと髪を黒くするのは、傍《はた》から見れば関係ないように思えますが、実は同じ遺伝子が働いていたのです。

このように考えていくと、脳が大きくなることと体毛が薄くなることも、私たちの目から見れば無関係に思えますが、遺伝子レベルでは関係している可能性があります。シャベル型の切歯と黒髪のように、同じ遺伝子が関与しているのかもしれません。ということは、体毛が薄くなったのは脳が大きくなったことの副産物だという可能性があります。

脳には可塑性がある

ヒトは個々の人たちの間の遺伝的多様性は高くありませんが、脳の発達に関しては環境によって変化が生じやすいという特徴があります。例えば一卵性双生児は、遺伝的にはまったく同じ情報をもっているはずです。しかし、お互いに性格も違えば、脳の発達の仕方も同じではありません。

これは同じ遺伝情報をもっていても、違う経験をすることで異なった神経回路が形づくられるからです。例えば小脳は、静止時および歩行時の体の平衡を保つことや、運動機能の調節を司《つかさど》りますが、動作が熟練してくるとその動きに特化した神経回路がつくられるようになります。このように脳の発達に関しては、DNA配列だけでなくエピジェネティックなプロセスも大きく影響してくるのです。

また、脳は容量が大きくなったことにより、前頭葉・頭頂葉・側頭葉・後頭葉で役割分担を行うようになりました。後頭葉には視覚野、側頭葉には聴覚野、前頭葉と頭頂葉の境

大脳の機能する場所

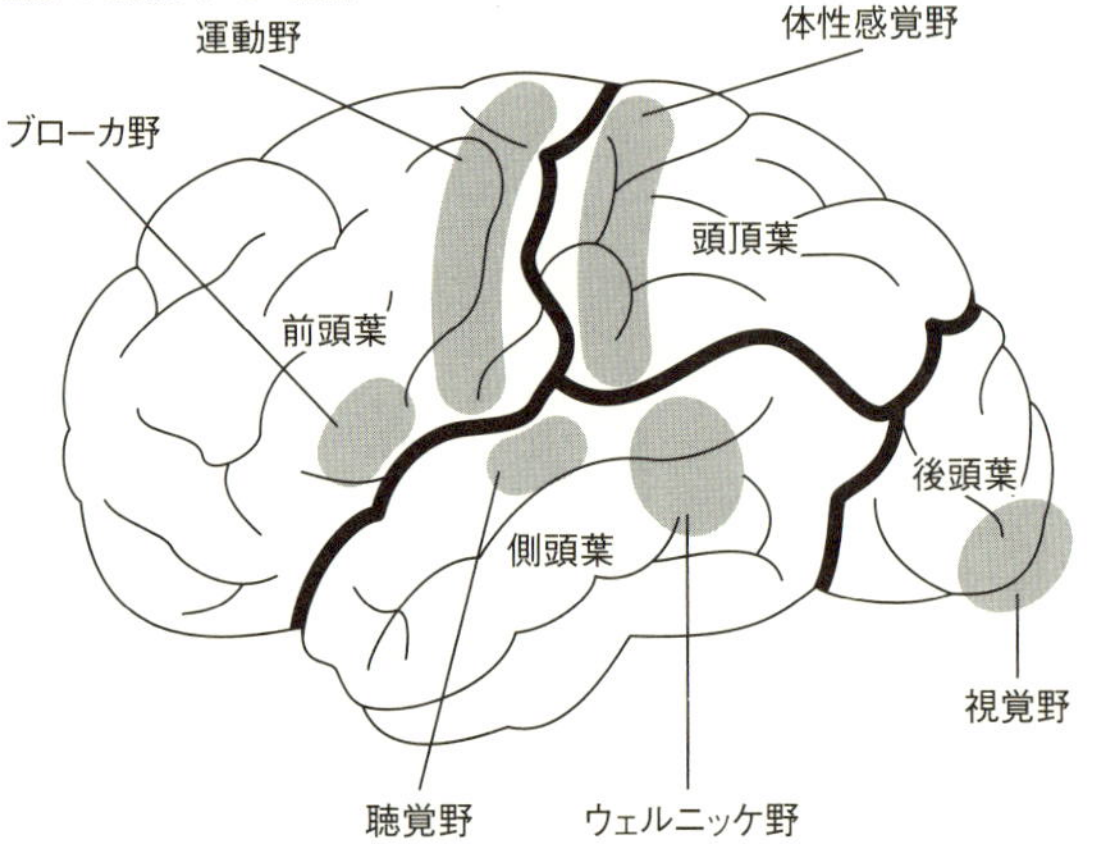

目あたりには運動野や体性感覚野と、各部位によってそれぞれ請け負う役割が異なるのです。

ただし、この役割分担は強固に決まっているわけではありません。生まれた時の病気や事故によって血液が供給されなくなり右脳が働かなくなってしまった人が、左脳の活動だけで生きていたという例もありますし、失明した人でも触覚や聴覚からの刺激によって脳の視覚野が別の刺激を受ける領域として活性化したということも報告されています。

脳は状況に応じて、神経回路を柔軟につくり変える――このような性質を「脳の可塑性」と言います。脳はこの可塑性があるために、見た目はほとんど変わらなくても、機能面において個々人で大きな違いが生まれてくるのです。

ヒトは脳の中でも大脳が特に発達しています。大脳の神経細胞は受精後一七週で約一五〇億個に達します。そして、生まれてから死ぬまでの間に、神経細胞がそれ以上増えることはありません。脳の基本構造は、受精後一七週というとても早い時期に完成されるのです。

ただし、脳は完成後も変化し続けます。脳内では一〜三歳くらいまでの間に神経細胞をつなげることで、ネットワークを広げていきます。神経細胞のネットワークはたくさんあるほうがいいと思いがちですが、話はそう単純ではありません。例えば神経細胞のネットワークがつながりすぎていると、ある行動をしようとしても、余計な神経細胞に信号が伝わってしまい、目的以外の動きをしてしまうことがあるのです。

脳の働きをよりスムーズに行うためには、一度つなげた神経細胞のネットワークの中で必要な部分のつながりを強め、不要な部分は除去する必要があります。この作業を「シナプスの刈り込み」と言います。シナプスというのは、神経細胞同士の接続点のことです。

例えば、小脳は発達過程でシナプスを刈り込むことによって、目的の運動をスムーズで成熟したものにしていきます。このシナプスの刈り込みは小脳だけでなく、大脳全体でも普遍的に行われているのです。自閉症や注意欠陥多動性障害（ADHD）などの発達障害は、このシナプスの刈り込み過程に原因があるのではないかとも言われています。

ヒトには言語を習得するシステムが備わっている

幼少期の脳に対する刺激は非常に大切です。環境や経験によって刺激を受けると、神経回路が急速に増えたり、組み換えが起こったりと、脳は活発に変化していきます。ところが、幼少期に適切な刺激を受けないでいると、その後の能力獲得に大きな差が発生してくるのです。

幼少期の脳に対する刺激の重要性を示す最も有名な事例として、アメリカのジーニーという少女の話があります。ジーニーは一歳から父親によって部屋の中に監禁されたまま育ちました。一三歳の時に保護されたのですが、外界からずっと隔離されながら生活していたので、幼少期から他人と話す経験をしてこなかったのです。結局、ジーニーは言葉を話すことはできず、ごくわずかな単語しか理解できませんでした。

大脳の前頭葉にはブローカ野、側頭葉にはウェルニッケ野という言語に関係する中枢領域があることが知られています。ジーニーのように、幼少期に他人との接触を断たれ、言語的な刺激を受けなかった人は、言語中枢の神経回路を整備することができなくなった可能性があるのです。もしかしたら、その回路に刺激がまったくこなかったために、言語中枢の神経細胞自体が縮退したのかもしれません。

同じようなケースでも、五歳で発見された子は、言葉を話すことができるようになったそうです。このことから、言語に関する神経回路は、言語的な刺激を受けて特定の時期までに集中的につくられていることがわかります。

この神経回路がつくり終わるまでの期間は、「臨界期《りんかいき》」と呼ばれています。発達過程において臨界期を過ぎてしまうと、ある行動の学習が成立しなくなるのです。言語の臨界期は七〜八歳くらいまでと考えられています。この時期に第一言語、つまり母語としての言葉を覚えていくと言われています。

アメリカの哲学者で言語学者でもあるノーム・チョムスキーは、生成文法という言語学の理論を打ち出しました。これは「人間は白紙で生まれてくるわけではなく、最初から言語を習得できるようプログラムされている」という考えです。ヒトには言語を習得するシステムが備わっているので、必要な時期に必要な刺激を受けていれば、ほとんどの人はマスターできます。だから、子どもを臨界期までに日本語と英語を使う環境に入れておけば、両方の言語をネイティブとして話すことのできるバイリンガルに育てることも可能でしょう。

ただし、ネイティブのバイリンガルになることと、言語をうまく使いこなすことは、また別の問題です。ヒトの大脳の能力には限界があります。それは言語中枢にも言えることで、ヒトは限られた領域の中に言語の情報を入れて活用しているのです。

環境によっては母語として二つの言語を言語中枢の中に入れることもできるのですが、そうすると今度はどちらも中途半端になってしまう可能性が出てきます。そう考えると、より深くその言語を追究するためには、二つの言語を母語として言語中枢に入れるよりも一つに絞ったほうがいいのかもしれません。第二言語は、母語とは別の領域を活用する。ネイティブと同じようにしゃべることはできませんが、要は話が通じればいいのですから、それで十分ではないでしょうか。

日本の知識レベルが高い理由

臨界期のこともあり、以前は早い時期に英語教育を始めたほうがいいと言われてきましたが、最近の日本ではこの考えが見直されてきています。現在は、まず母語である日本語をしっかりと根づかせてから第二言語として英語を学んだほうがいいという意見が増えてきたのです。

先ほども話しましたが、限られた言語中枢の領域で二つの言語を母語にしてしまうと、結局はどっちつかずになり、どちらの言葉もうまく使いこなせなくなってしまう可能性があります。また、母語を獲得する幼少期に接する言語表現は、どうしても幼くなりがちです。だから、母語として獲得できたとしても、その後の人生の中で言語表現を磨いていかなければ社会では通用しません。

まずは日本語でしっかりと考えたり、表現したりすることのできる基礎的な能力を向上させる。そうすることで日本語の基礎力が支えとなり、英語などの第二言語をより深く学ぶことができるのです。

さらに興味深い例として、「日本の科学技術が発達したのは、科学を日本語で考える土壌があったからだ」という話もあります。江戸末期から明治期にかけて、日本は西洋からたくさんのものを輸入しました。それと同時に、これまで日本語にはなかった様々な概念が、海外から一緒に入ってきたのです。

日本人は西洋文明を咀嚼《そしやく》して、積極的に新しい日本語をつくってきました。その時、中心となって活躍したのが西周《にしあまね》という人物です。西周は一八二九年生まれで、森鷗外《おうがい》の親戚にあたります。彼は一八五七年に、徳川幕府がつくった蕃書調所《ばんしょしらべしょ》に加わりました。蕃書調所とは一八五六年につくられた、江戸幕府直轄の洋学研究教育機関です。のちに東京大学へとつながっていく諸機関の一つで、儒学者の古賀謹一郎を頭取（校長）とし、明治維新後は明治政府や日本の近代化の基礎を支える役割を担っていました。

科学をはじめ、哲学、技術、概念、帰納、定義、知識、理想、意識など、この時代に翻訳してつくられた日本語を挙げれば切りがありませんが、西周はその多くに関与したと言われています。これらの日本語は現在、私たちが普通に使っているものばかりです。

明治の初期にこのような言葉がたくさんつくられたからこそ、日本人は西洋文明をベースにした学問を日本語で学ぶことができたのです。やはり、学問を学ぶには母国語で学んだほうが理解も進みます。だから、日本は庶民でも知識のレベルが高くなったと言われているのです。

日本は英語以外で科学について考えられる数少ない国の一つ

多くの国では、科学を基本的に英語で学んでいます。しかし、日本では科学を母国語で学ぶことができ、専門用語も日本語でつくられていることが多い。そのため、一つの言葉からたくさんのイメージを受け取ることができるのです。例えば「陽子」という言葉からは、「電気的に陽性（プラス）の粒子」であることを感じ取ることができるでしょう。しかし、英語の「プロトン」と言われても、日本人からしたら電気的な性質についてはピンとこないかもしれません。生物の「細胞」も、その言葉と漢字の意味合いから「小さく細分化されたものの一区画」ということが直感的にわかると思います。

日本は英語以外で科学について考えられる数少ない国の一つです。そのお陰で、世界を驚かすような発見をいくつもしてきたと言っても過言ではありません。二〇〇八年にノーベル物理学賞を受賞した益川《ますかわ》敏英《としひで》博士は、ノーベル賞の受賞講演を日本語で行いました。英語が得意でなくとも世界トップレベルの発見ができるのは、日本語がしっかりとしているからなのです。

ただ、これは日本人が英語を話すことができないことと表裏一体です。ごく一般的な日本人は、英語を使わなくとも生活ができるので、英語を身につけようという意欲は低くなります。もっとも、最近は科学に限らず、会話能力を重視し、読み書きの能力を軽視する風潮があるので、日本人の言語リテラシーがこのまま維持されるかわからない状況になってきました。裏を返せば、日本語をしっかりと理解し、そのうえで英語ができるようになれば、どんな世界でも通用するということです。

言語の獲得

ちょっと話がそれてしまいましたので、言語の獲得と進化の話に戻りましょう。人類の進化の中で、言語の獲得は非常に大きなターニングポイントでした。特に、人類がいつ言葉を話せるようになったのかは、たいへん大きな問題です。

言葉はあらゆるものを分節していきます。つまり、人間は言葉があることによって様々な物事を分類して概念を構築し、世界を認識しているのです。

例えば、「ヒト」という概念には、地球上にいる七三億人のすべてが含まれます。でも、個人は一人ひとり違うのに、なぜ全員を「ヒト」という言葉でくくることができるのか。それは人間が「ヒト」という同一性を捏造したからです。

個人一人ひとりを見比べれば、その違いは明らかです。しかし、なぜか人間には異なる事物を同じと見なす能力があるのです。その同一性に客観的な根拠はありません。人間は恣意的な区分で「ヒト」という同一性を捏造して、すべての個人を「ヒト」と分類したわけです。それは、「ネコ」や「イヌ」「コップ」なども同じです。このようにして、我々は同一性を捏造することで言語を発達させてきました。

ただ、概念が「ネコ」や「イヌ」といった具体的なものであれば、個物を指させば同一性の共通了解が可能となります。しかし、「正義」や「道徳」といった目に見えない抽象的な概念についてはどうでしょうか。もしかしたら、みんなが同じ言葉で話していても、それぞれの人が指している言葉の同一性がまったく違っているということも考えられます。そうなると、一見、話が通じ合っているように見えても、実はまったくかみ合っていなかったという状況が発生してしまうでしょう。

人類が言葉を獲得したのはいつか

人間は同一性を捏造できる反面、そこからはみ出すものを排除する傾向があります。それは言葉というものが、共感と同時に排除の感情を生み出すからです。同じ言語を話すだけで仲間意識が生まれる一方で、言葉が通じない人やわからない人は排除しようとする心理が働きます。同じような言葉の使い方をすることで、話が通じていると信じることができる。それが人間にとっては、相手を信頼するうえで非常に大切になってくるのです。

ちなみにチンパンジーも、人間と同じように抽象化された図形を認識し、理解する能力をもっています。ただ、記号を見せて実際のものを指さすという行為は苦手なようです。抽象化の能力が人間とは比べものにならないからでしょう。

厳密に話をすれば、言葉と実物は「一対多」の対応です。イヌもたくさんの個体がいるのに、私たちはどれもイヌだということがわかります。ネコやコップ、本、ノートなども同じことです。それらもそれぞれ少しずつ違っていますが、どれを出されても私たちは、それがネコであり、コップであり、本であり、ノートであるということがわかります。人間は概念によって同一性を捏造することができるので、一つの概念に対して多数の実物をつなげても混乱することがありません。恐らくチンパンジーにはそういうことが難しいので、記号を見せて実物を指さすことも苦手なのだと思われます。

人間は言葉で定義することによって、何でも表現できると思いがちです。しかし、言葉で表現できないことは数多くあります。例えば色を表す言葉は、赤、青、黄とたくさんありますが、同じ赤という言葉でも、直接指し示して対話しない限り、同じ色を思い浮かべているる保証はありません。臭いや味は色よりもさらに難しく、その人が抱いた感覚を言葉によって正確に相手へ伝えることはほとんど不可能です。

人類が言葉を獲得したのはいつ頃なのかについては、まだよくわかっていません。言葉は化石などの形として残るわけではないので、その判定が非常に難しいからです。

今から約三五万年前のものと思われるスペインの「シマ・デ・ロス・ウエソス洞窟」からは、「ホモ・ハイデルベルゲンシス（ネアンデルタール人の祖先と考えられている人類）」の一団と思われる化石がたくさん発見されています。その化石の中には、現生人類と同じような形をした舌骨の化石が含まれていました。ただ、この頃のヒトは喉頭の位置が現生人類と違っていたので、言葉をもっていたかどうかは今ひとつはっきりしません。もし言葉を獲得できていたとしても、恐らくひそひそ声程度でしか話せなかったと思います。

化石などの具体的な証拠から読み解く限り、人類が言葉を話していたらしいと推測できるのは、今からおよそ七万五〇〇〇年前です。なぜ、この時期に言葉を話していたと考えられるのか――それは南アフリカのブロンボス洞窟で発見された約七万五〇〇〇年前のものと見られる土片に、幾何学模様が刻み込まれていたからです。

動物や自然風景が描かれた絵などと違い、幾何学模様は抽象的なものを表しています。言語は物事の抽象化と大きく関係しているので、この頃には言葉を話していたのではないかと考えられるのです。

第七章　人類の進化

私たちはどこから来たのか

生物の進化は、多くの人が興味をもつテーマの一つです。なぜ人はそれほどまでに、進化に関心を抱くのか。それは進化の仕組みを繙くことが、「私たちはどこから来て、どこへ行くのか」を探ることにつながるからです。この最終章では人類の進化、特にその誕生から未来までを考えていきたいと思います。

現存する動物の中で、ヒトと最も近い動物はチンパンジーです。第六章でも触れましたが、チンパンジーと分かれて人類が誕生したのは、今から約七〇〇万年前と言われています。現在までに知られている最古の人類化石「サヘラントロプス・チャデンシス」が二〇〇一年に発見されるまで、人類の誕生は五〇〇万年前だと考えられていました。しかし、この化石の発見により、人類はこれまでの定説とされていた時代よりもかなり早くに登場していたことがわかったのです。

それと同時に、サヘラントロプス・チャデンシスの化石はもう一つ重要なことを示していました。それは、この化石の発見された場所が、アフリカ中央部のチャドだということです。これまでは、アフリカ東部の草原に隔離された類人猿が人類に、そしてアフリカの西側の森林地帯の類人猿がチンパンジーに進化したと考えられていました。

しかし、サヘラントロプス・チャデンシスの化石がアフリカ中央部で見つかったことにより、従来の見立ては間違っていたことが明らかになったのです。しかも、この種は森林で暮らしながら、二足歩行をしていたと考えられています。つまり、この化石は「人類は草原ではなく、森林で生まれた」、それと「段階的に二足歩行を習得していったのではなく、何らかのシステムの変化によって二足歩行を行うようになった」ことを示しているのです。

サヘラントロプス・チャデンシスの後に登場したのは、六〇〇万〜五八〇万年前に存在した「オロリン・トゥゲネンシス」です。このオロリン・トゥゲネンシスの化石も、森林で暮らす動物と一緒に見つかっているので、森林生活者だったと考えられています。

その後に現れた、「アルディピテクス・カダバ（五八〇万〜五二〇万年前）」「アルディピテクス・ラミダス（約四四〇万年前）」までは、森林、もしくは樹木が茂っていた場所で暮らしていた可能性が高いでしょう。人類が草原に出たのは、アウストラロピテクス属の時代になってからだと考えられています。

脳は贅沢な器官

人類の特徴の一つに、「大きな脳をもっている」ということが挙げられます。しかし、人類は誕生から四〇〇万年以上もの間、脳の大きさが五〇〇ccを超えることはありませんでした。これは現在のヒトの三分の一ほどしかありません。前章でも述べましたが、人類の脳が大きくなったのは、二四〇万年前あたりからだと言われています。

人類の脳が大きくなった要因は、第六章でお話ししたようにDNA配列の一部を失ったことも関係していると思われますが、その他にも複数あると考えられています。その要因の一つが、食生活の変化です。化石人類の食生活を調べてみると、アウストラロピテクス属の「アウストラロピテクス・ガルヒ（約二五〇万年前）」は、肉を食べていたのではないかと言われています。ただし、この頃はまだ狩猟を行っていたわけではなく、死んだ動物の肉を食べていたようです。

脳はものすごく贅沢な器官です。脳は重さが体重の二パーセントほどしかないのに、全体の二〇パーセント近いエネルギーを消費します。脳が大きくなればエネルギーが不足することは目に見えている。栄養価の高い肉を食べるということは、人類が大きな脳を獲得するためには欠かせない条件の一つだったのです。

アウストラロピテクス・ガルヒの脳は四五〇ccとそれほど大きくはなかったのですが、それから数十万年の間に脳はどんどん大きくなっていきました。そして、およそ二四〇万年前には、ホモ属の「ホモ・ハビリス」や「ホモ・ルドルフェンシス」が登場します。ホモ・ハビリスは、脳の大きさが約六〇〇ccで、体格も小柄でした。ホモ・ルドルフェンシスは体格が大きく、脳の容量も約七〇〇ccと、これまでに登場した種と比べて明らかに大きくなっていました。その後、約二〇〇万年前に「ホモ・エルガステル」、次いで「ホモ・エレクトス」が出現します（この二つは同じ種との見解があり、その場合は、先に名づけられたホモ・エレクトスが有効名になります）。ホモ・エレクトスの脳の大きさは、一〇〇〇ccを超えました。

人類の進化の歴史

人類の進化に関する研究は、近年大きく進展しています。現在、成人している人の中には、人類は「猿人」「原人」「旧人」「新人」という四つの段階を経て進化してきたと習った方も多いでしょう。しかし、実際の進化はそれほど単純なものではありません。

人類が初めて出現してから現在までの間に、この地球上には二〇を超える種が現れたと考えられています。これらの種はそれぞれ、猿人、原人、旧人、新人のどれかに分類することはできますが、その四つの区分は年代ごとにきれいに分かれているわけではありません。猿人の中には原人と同年代に生きたものもいますし、旧人に分類されるネアンデルタール人と現生人類（ホモ・サピエンス）のクロマニョン人は、同じ時代にヨーロッパで生活し、交配もしていたのではないかと言われています。

人類の進化を振り返ってみると、確かに猿人の中から原人が、原人の中から旧人が、旧人の中から新人が出てきました。ただし、一つ前の段階の人類がすべて次の段階に進化したというわけではありません。すべての旧人が新人へと進化したのではなく、旧人の一部が新人へと変化していったのです。

現生人類には、ホモ・サピエンスという学名がつけられています。地球上に最初に現れたホモ属はホモ・ハビリスで、これは四つの分類では原人になります。それに対して、アウストラロピテクスまでの人類は猿人と呼ばれています。猿人は身体的な特徴も類人猿に近いものでしたが、原人になると脳が大型化し、体型も現生人類に近づいてきました。

原人の一種ホモ・エレクトス（ホモ・エルガステル）の化石としては、一九八四年にケニアで発見された「ナリオコトメ・ボーイ」が有名です。ナリオコトメというのは発見された土地の名前で、八〜一〇歳の少年の化石だったことからボーイと名づけられました。ナリオコトメ・ボーイの身長は一六〇センチ弱で、脳の大きさは約八八〇ccと推定されています。ただし、これは死亡した時の体格です。もし、化石の少年が大人になっていたら、身長は一八五センチ、脳の容量は九〇〇ccほどに成長していたと言われています。

猿人の化石では、一九七四年に発見された「ルーシー」が有名です。ルーシーというのは、もちろん発見した研究者たちがつけた愛称で、発見した夜にビートルズの曲「ルーシー・イン・ザ・スカイ・ウィズ・ダイアモンズ」がラジカセから流れていたことにちなんで命名されました。ルーシーは、約三二〇万年前に現在のエチオピアあたりで暮らしていた二五〜三〇歳と見られる女性の化石です。彼女は身長一〇〇センチほどと小柄で、脳の容量も約四〇〇ccとチンパンジーとあまり変わりませんでした。

ナリオコトメ・ボーイはルーシーよりも背が高く、脳の容量も大きくなっています。しかも、ただ背が高いだけでなく、足も長くなっていました。足が長くなったことと進化との間に何の関係があるのか、不思議に思う方もいるかもしれません。足が長くなると当然、歩幅も大きくなります。それにより、原人はより効率よく歩くことができるようになったのです。脳の容量が大きくなることだけが、進化ではありません。体の変化が、人類の進化をさらに推し進めることにもつながったのです。

一八〇万年前の出アフリカ

人類は誕生してから長い間、アフリカで過ごしてきました。そして、一八〇万年前にホモ・エレクトスあるいはその近縁種がアフリカを出て世界各地に広がっていったと言われています。なぜ、アフリカを離れたのがこの時期だと考えられているのかというと、東ヨーロッパのグルジア（現ジョージア）で発見された人類の化石が、およそ一八〇万年前の地層から出てきたからです。ただ、発見された化石は、脳の大きさが六〇〇ccほどとホモ・ハビリスに近いものでした。

なぜ彼らがアフリカを離れたのかはわかりません。食べ物を求めて移動したのか、それとも好奇心から移動したのかもしれません。

さらに、中国では約一六六万年前の地層から、石器で砕かれて骨髄を取り出された動物の骨がたくさん見つかっています。つまり、人類は出アフリカ後に短期間で、グルジアから東アジアにまで進出していたのです。東アジアの化石人類として有名な「ジャワ原人（一二〇万～一〇万年前）」や「北京原人（五〇万～三〇万年前）」はともにホモ・エレクトスに属し、現在は絶滅したと考えられています。

ネアンデルタール人の化石がもたらす矛盾

では、ヨーロッパへはどのように進出していったのでしょうか。ヨーロッパには、「ホモ・ハイデルベルゲンシス」や「ホモ・ネアンデルターレンシス」という旧人がいたと考えられています。ホモ・ネアンデルターレンシスとは、いわゆるネアンデルタール人のことです。ホモ・ハイデルベルゲンシスは六〇万〜二〇万年前に現れた種で、二五万年前に現れたネアンデルタール人の祖先と見られています。

ネアンデルタール人は、二五万〜三万年前にかけてヨーロッパや中東で暮らしていました。ネアンデルタール人の化石が発見されたのは一八五六年で、これはダーウィンが『種の起源』を発表する三年前のことです。この化石を見ると、大昔に現生人類とは違う姿をした人類がいたことがわかります。

しかし、このネアンデルタール人の化石の発見は、「神が人類を創った」というキリスト教の考えを根本から否定しかねない大問題でした。キリスト教的な考え方では、地球上の動植物は天地創造の時に神が創ったことになっています。その中でも人間は、神の姿に似せて創られた特別な存在でした。つまりキリスト教の教えでは、「この地球上に人間と似た生きものなどいるはずはない」ことになります。だから、「よく似てはいるけれど、人間とは違う生物」が見つかったという事実は、キリスト教の教えと大きく矛盾してしまうのです。

現在のキリスト教原理主義者が進化論を認めないのは、「神の姿に似せて創られた人間が、サルから進化したはずはない」という思いがあるからです。そして、一八〇〇年代中頃のヨーロッパは、キリスト教の影響が現在よりも強い時代でした。ですから、大昔に現生人類とは別の人類がいたということはなかなか受け入れられず、ネアンデルタール人の化石を病気やけがのせいで関節が変形してしまった現生人類の祖先の化石だと考えたのです。ただ、この結論には非常に無理があり、その後、同じような化石がたくさん発掘されるようになると、現生人類とは違う人類がいたことを認めざるをえなくなりました。

ネアンデルタール人とクロマニョン人は交流していた

化石などを分析した結果、ネアンデルタール人は身長一六〇～一七〇センチ、体重八〇キロとがっしりした体格をしていることがわかってきました。しかも、先にも述べたように脳の容量は約一四五〇ccと、現代人よりも幾分大きかったのです。化石から肌の色まではわかりませんが、日差しの弱いヨーロッパに住んでいたことから、白い肌をしていたのではと考えられています。

これまでのところ、ネアンデルタール人は私たちの直系祖先ではなく、別系統の人類であるとする見方が有力です。しかし、ネアンデルタール人は約四万〜三万年前まで、化石現生人類であるクロマニョン人（ホモ・サピエンス）とともに、同じ地域で暮らしていた可能性が高いと言われています。ちなみに、クロマニョン人とは、南フランスのクロマニョン洞窟で発見された人類化石につけられた通称です。

三万数千年前のものと思われるネアンデルタール人の化石の中には、非常に巧妙なつくりの石器と一緒に見つかったものがありました。ネアンデルタール人のつくる石器は、もともと原始的なものばかりだったのですが、このような巧妙な石器が見つかったこともあり、ネアンデルタール人とクロマニョン人との間に交流があったのではないかし考えられるようになったのです。

ネアンデルタール人と現生人類は交配していた？

交流していた可能性が高いと言われるネアンデルタール人とクロマニョン人ですが、それぞれの種は約六〇万〜四〇万年前に分かれて以来、独自に進化してきたと考えられています。そのことは、ネアンデルタール人のミトコンドリアの遺伝情報からも明らかです。

ネアンデルタール人の化石からミトコンドリアの遺伝情報を調べてみたところ、現生人類には見られない特徴が数多く存在していました。細胞小器官であるミトコンドリアは、核とは別に独自のＤＮＡをもっています。核内のＤＮＡは父親と母親の両方から一セットずつ遺伝しますが、ミトコンドリアのＤＮＡは母親からしか遺伝しません。これを母系遺伝と言います。

そして、ネアンデルタール人のミトコンドリアＤＮＡを解析したところ、現代人にその遺伝子は入っていませんでした。ミトコンドリアのＤＮＡは母系遺伝なので、母方の遺伝の歴史しか振り返ることができません。この解析結果は、「現在の人類の中には、ネアンデルタール人の女の人が産んだ子どもの子孫はいない」ことを示しています。

では、ネアンデルタール人と現生人類は、交配を行っていなかったのでしょうか。実際に核ＤＮＡを調べてみたところ、アフリカ人以外の現生人類のＤＮＡの中には、ネアンデルタール人のＤＮＡが数パーセント含まれていたことがわかりました。つまり、ネアンデルタール人の男性とホモ・サピエンスの女性の間に産まれた子どもの子孫が、アフリカ人以外の現生人類なのです。ネアンデルタール人の女性とホモ・サピエンスの男性の間に産まれた女子の系列は、恐らくネアンデルタール人の集団内に留まっていたので、生き残れなかったのだと思われます。ホモ・サピエンスがアフリカを出た八万～七万年前に、すでに中東やヨーロッパに住んでいたネアンデルタール人と交配したのは、ごく自然の成り行きだったのでしょう。

現生人類のゲノム中に存在しているネアンデルタール人のＤＮＡは、多い人では五パーセントほどだそうです。環境に適応できないＤＮＡであれば自然選択でなくなっていくはずですが、消滅しないのには何かしらの理由があるはずです。一説によると、耐寒性に優れた遺伝子や免疫系を強くする遺伝子がもたらされたのではないかと言われているので、ネアンデルタール人の遺伝子は人類が生き抜くのに必要だったのかもしれません。

遺伝子汚染は本当に悪いことなのか

遺伝的に離れた種族と交わることは、遺伝子の多様性が大きくなるので、生物の生存戦略としては非常に有効です。ただ、侵入してきた種が在来の種と交雑するのは、見方を変えれば「遺伝子汚染」と言うこともできます。

遺伝子汚染や侵略的外来種など、外来生物については現代では悪いことばかりが強調されがちです。しかし、先ほど説明したように、現生人類はネアンデルタール人の遺伝子と混ざり合ったお陰で、寒い環境に適応できるようになったのかもしれないのです。そういう意味では、ホモ・サピエンスにとって遺伝子汚染は正解だったのです。

現在、世界各地で外来生物の進出が問題となっています。これは競争力のある外来生物が様々な地域に入り込むことで、もともと生息していた固有種の存続が危うくなるという問題です。しかし、それは本当に悪いことなのでしょうか。それについて、生物の歴史を振り返りながら考えてみたいと思います。

植物が陸上に進出し始めたのは、今からおよそ四億七五〇〇万年前です。その五〇〇〇万年後に、動物が上陸したと言われています。そして、現生人類がアフリカで誕生したのが二〇万～一五万年前です。その後、人類はアフリカから地球全体へと広がっていきました。

ここで、現生人類が地球の各地に広がっていった時の状況を考えてみましょう。人類は新しい環境の中に入っていきますが、そこにはすでに固有の生態系がつくられていたはずです。そこに現生人類が入っていくということは、その生態系を乱すことにつながります。

ただ、生物はずっと同じところに留まっているわけではありません。だから長い目で見ると、在来種・外来種といった区別はそれほど重要ではないと思われます。新しい生物種が侵入してきたり、侵入してきた生物が在来の生物と交雑したりといったダイナミズムがあるからこそ、生態系もそこに棲む生物も進化することができたのかもしれません。

食料獲得競争に敗れ、ネアンデルタール人は絶滅した

現生人類が新しい環境に適応していく陰で、絶滅していった生物も多数存在しています。その代表的な存在が、ネアンデルタール人です。ネアンデルタール人が絶滅した理由は、まだはっきりとはわかっていません。ただ、最も有力な説は「クロマニョン人によって滅ぼされた」というものです。

しかし、滅ぼされたといっても、戦闘によって絶滅させられたわけではないようです。もともとヨーロッパにはネアンデルタール人のほうが先に住んでいたのですが、その後、遅れてやってきたクロマニョン人がどんどん数を増やしていきました。三万年前にはクロ

マニョン人とネアンデルタール人の人口比は、一〇対一になっていたと言われています。ネアンデルタール人もクロマニョン人も狩猟採集民ですから、同じような獲物を狙っていました。同じ場所に同じものを食べる二つの生物種が存在すれば、当然「食料の獲得競争」が発生します。ネアンデルタール人は、クロマニョン人と比べると狩りの仕方が稚拙だったのでしょう。また、ネアンデルタール人は学習能力があまり高くなかったという研究者もいます。学習能力の高さも、食料の獲得競争を大きく左右する要因なのです。

現生人類の大きな特徴として、高い学習能力が挙げられます。恐らくクロマニョン人も、学習能力は高かったことでしょう。この高い学習能力により、クロマニョン人は様々な知識を蓄積し、子や孫の世代に継承していきました。そして、それが人類特有の文化へとつながっていったのです。

人間以外の動物の場合、知識が次の世代に伝わっていくことは、ほとんどありません。多くの動物は、個体ごとに生まれもった本能に従って行動しているからです。

現生人類は、運動能力が他の動物より低いにもかかわらず、大型の哺乳類や鳥類を効率よく捕獲していきました。これは、現生人類が獲得した知識を次の世代へ継承させることで、世代を経るごとに道具や狩りの方法などを改良していったからです。ネアンデルタール人はそこまで知識を蓄積することができませんでした。だから、狩りの能力がクロマニョン人とだんだん差がついていったのだと思われます。

また、ある研究者はクロマニョン人が生き残った大きな要因として、「オオカミの家畜化」を挙げています。オオカミは家畜化され、イヌになりました。クロマニョン人はそのイヌを大きな動物の狩りに役立て、よりたくさんの獲物をしとめることに成功したというのです。こうしてネアンデルタール人はクロマニョン人との食料獲得競争に敗れ、絶滅への道をたどったと考えられています。

言語の遺伝子と言われる「FOXP2遺伝子」

ネアンデルタール人には、まだ解明されていない謎が数多く残されていて、その一つに言葉の問題があります。第六章でも説明しましたが、言葉を話すことはヒトと他の動物との違いを示す大きな特徴の一つです。

現代人の私たちは言葉を発する時、喉にある声帯を震わせ、その振動を口や鼻などの中にある空洞で共鳴させています。この時に使っているのは、口の奥にある咽頭腔《いんとうくう》や、口の中にある口腔《こうくう》、鼻の中にある鼻腔《びくう》などです。咽頭腔というのは、発声する時の共鳴が最初に起こる場所で、声帯の上にあります。ヒトとチンパンジーとでは、この部分が大きく異なっているのです。

チンパンジーは気管の入り口である喉頭の位置が高いせいで、咽頭腔が狭く、十分な共鳴を起こすことができません。しかも、吐き出した空気が鼻へ抜けてしまうので、口から息を強く吹き出すことが難しいのです。

ネアンデルタール人も喉頭の位置が高めだったので、現生人類のように流暢に話すことはできなかったと推測されています。ただし、ネアンデルタール人は、現生人類と同じ「FOXP2遺伝子」をもっていました。このFOXP2遺伝子は、文法能力を含む言語の発達との関連が示唆されている遺伝子です。現生人類のFOXP2遺伝子を調べたところ、チンパンジーのFOXP2遺伝子とは少し違っていることが明らかになりました。

このFOXP2遺伝子に起こった変異により、ヒトは言葉をもつようになったと言われています。ホモ・ハイデルベルゲンシス同様、ネアンデルタール人にも現生人類と同じ形の舌骨がありました。FOXP2遺伝子も現生人類と同じであるとなると、大きな声は出せなくとも、ささやくような話し方くらいはできた可能性があります。

現生人類がこれほどはっきりと言葉を話すことができるようになったのは、喉頭の位置が下がったことで咽頭腔が広がったお陰です。しかし、そのせいで餅が喉につかえて気道を塞いだり、誤って食べ物が気管に入ってしまう「誤嚥《ごえん》」が起こりやすくなりました。

通常、人が食べ物を飲み込む場合、喉頭の先（喉頭蓋《こうとうがい》）を閉じて食べ物が気管に入らないようにしていますが、この機能はある程度歳を重ねると次第に低下していきます。また、お正月になるとお年寄りが餅を喉に詰まらせる事故がたまに起こります。喉頭の位置が高く、気道と食道が立体交差をしていれば、このようなことは起こりません。

人類はほとんどクローンに近い

現生人類のＤＮＡを調べてみると、個人差が出てくるのは全体の〇・一パーセントほどです。個人ごとのＤＮＡ配列の違いを「多型」と言います。多型にはいろいろな種類がありますが、その中で最も注目されているのが、塩基が一つだけ変異した「ＳＮＰ《スニップ》（一塩基多型）」です。ＳＮＰは、お酒に強いか弱いかといった体質の違いや、病気のかかりやすさといった個人差に大きくかかわっていると見られています。

現在、人類の人口は世界で約七三億人を超えるまでになりました。これだけの数になれば、ＤＮＡ配列の違いが〇・一パーセントといわず、もっとあってもよさそうなものです。

SNP(一塩基多型)

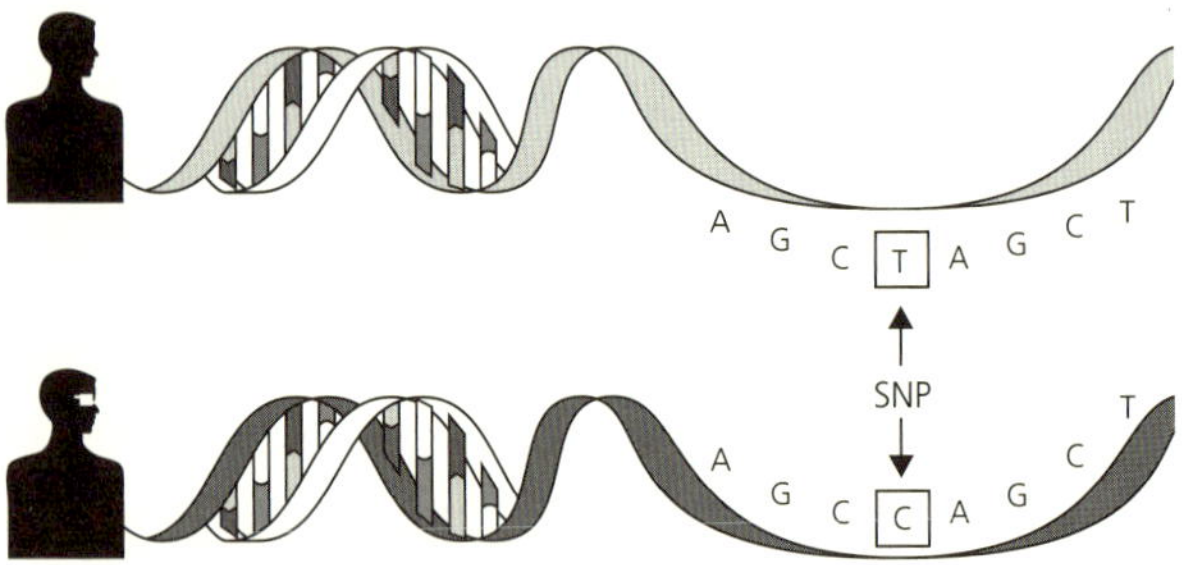

ヒトゲノムの中のSNPの密度はおよそ300～1000塩基対に
1カ所と言われている。

これほどの人口でDNA配列の違いが〇・一パーセントというのは、人類はほとんどクローンに近いと言っても過言ではありません。

なぜ、人類のゲノムはこれほど似かよっているのでしょうか。一説によると、今から八万～七万年ほど前に、アフリカから出たホモ・サピエンスの数が、せいぜい一万人くらいだったからだと言われています。一度集団が小さくなってしまうと、その後に数を増やしても遺伝的多様性は低くなる。このような現象を、「瓶首効果（ボトルネック効果）」と言います。

逆に、個体数が少ない割には遺伝的多様性が高い動物として有名なのがサイです。サイはもともと大きな集団で、集団内の遺伝的多様性が高い動物でした。このような集団がだんだんと数を減らしていった場合、生き残った個体の遺伝子はそれぞれ大きく異なるので、遺伝的多様性が急激に減少することはありません。個体数が少ない割に遺伝的多様性が高い種では、一個体一個体の遺伝的な価値が、非常に大きくなります。

現在、サイはシロサイ、クロサイ、インドサイ、ジャワサイ、スマトラサイの五種類が生息しています。しかし、角が漢方などで重宝され、高値で取り引きされているせいもあって密猟が急増し、五種すべてが絶滅の危機に瀕しているのです。一応、保護活動はある程度の成果を結んでいますが、生息域の治安悪化などもあり、まだまだ予断を許さない状況が続いています。

アメデトッククリバチの不思議な営み

遺伝子解析や進化に関する研究が進み、私たちは生物のありとあらゆることを理解したつもりになっています。しかし、実のところ私たち人類は、生物の生態やシステムについては、ほとんど無知のままです。その最たるものが昆虫の生態です。

第一章で紹介したファーブルは、たくさんの昆虫を観察しました。その一つに、第四章でも取り上げた「トックリバチ」があります。ファーブルはトックリバチの一種である「アメデトックリバチ」の巣の中を何度か観察していて、ある時巣の中に五頭のシャクトリムシがいることを発見しました。アメデトックリバチの巣は、幼虫が成虫へと育っていく期間の住まいとなるもので、中に入っていたシャクトリムシは幼虫のエサとなります。その後、別のアメデトックリバチの巣を調べてみたところ、エサの数は巣によってまちまちでした。ある別の巣の中を探ってみると、そこには一〇頭のシャクトリムシが置いてありました。

成虫になったアメデトックリバチのオスは、メスの半分くらいの大きさしかありません。そこで、ファーブルは「アメデトックリバチの幼虫の性別によって、巣の中に蓄えられるシャクトリムシの数が違うのだ」と結論づけました。しかし、そうすると今度は、別の疑問が生まれてきたのです。その疑問について、ファーブルは次のように書いています。

> しかし、卵は食料の貯蔵が終了してから産みつけられる。どれほど細かく調べてみても、雄が孵《かえ》るか雌が孵るかを判定できるような違いは認められないけれど、この卵の性はもう決まっているのである。したがって、必然的に次のような不思議な結論に

達することになる。
母親のハチは、これから産もうとする卵の性をあらかじめ知っており、この予見のもとに、いずれ孵る幼虫の食欲にあわせて、食料庫を満たすことができるのだ、と。
（奥本大三郎訳『ファーブル昆虫記』第二巻上一四三ページ／集英社）

そしてファーブルは、このことも進化論批判の材料にしていきます。

進化論者の言うあの偶然の理論、つまりハチが偶然雌の卵を産み、それに偶然、雄の二倍の食料を準備してやり……というような説明の仕方でこの難問が解けるだろうか。偶然などではなく、予想されている目的、つまり卵の性がわかっていて、何もかも準備されるというのでないとしたら、見えないものを予見する能力をいったいどうやって身につけたというのか。
（前掲書第二巻上一四三〜一四四ページ）

昆虫の観察から、その多様な世界に魅了されたファーブルは、昆虫の不思議な営みを数多く目にしてきました。ファーブルは、それぞれの昆虫が誰に教えられたわけでもないのに狩りや巣づくりを完璧に行う姿に感動を覚えたと同時に、「なぜ、このようなことができるのか」という疑問をもちました。しかも、昆虫の行動や生態を知れば知るほど、その答えはわからなくなるばかりでした。

ダーウィンの進化論は、「なぜ地球上には、これほどまでに多様な生物が存在するのか」という疑問に答えるための理論です。しかし、ファーブルにしてみれば「これまでの観察結果を説明することができない、非常に貧弱な理論」に思えたことでしょう。そして、ファーブルの心には、進化論を認めるわけにはいかないという気持ちが湧いてきました。そのことは、『昆虫記』の中のあらゆるところに見受けられます。

生物の進化は、ダーウィンが考えていたほど単純なものではありません。そして、ダーウィンの考え方を修正して発展してきたネオダーウィニズムも、進化に関する様々な謎を解明できていないのが現状です。多細胞生物では遺伝子そのものの変化だけでなく、遺伝子をコントロールするエピジェネティックなシステムも重要になってきます。そのようなシステムを解明することによって初めて、私たちは進化の本質に迫ることができるのかもしれません。

あとがき

ダーウィンの『種の起源』の出版（一八五九年）とメンデルの遺伝の法則の発見（一八六五年）から一五〇年以上の歳月が流れました。科学は日進月歩で、多くの分野では古い理論は新しい理論に置き換わっていき、人々はそれを当然のこととして受け入れていますが、進化論に関してはダーウィンとメンデルの理論に基礎を置いた「遺伝子の突然変異＋自然選択」によりすべての進化現象が説明できると思い込んでいる人が多いようです。

なぜそうなるのかというと、多くの科学の分野では、現象を説明する理論は難しすぎて素人には手に負えず、真偽を判定する術がないのに対し、進化現象を説明する「突然変異」「自然選択」「適応」という概念は、すんなりと頭に入ってきて、それ以外の理論よりはるかに理解しやすいからでしょう。

この理論が説明するプロセスと、人々の生活の変化のプロセスは親和性をもっています。

何か新しい製品を売り出したり、新しい方策を試みたりして、これが世に受け入れられれば、古い製品や古い方策は徐々に淘汰されて、新しいものに置き換わっていくのは、私たちの経験上、ごく当然のことです。しかし、生物の進化もすべてそれと同じプロセスで起こっているという保証はありません。

我々は自分たちが使っている自動車などの道具からの類推で、生物の形質もすべて機能的な意味をもつと思いがちですが、生物の形質を虚心に見れば、どう考えても機能的とは思われないところがたくさんあります。例えば、ヒトの皮膚は頭部などを除いてほとんど毛が生えていませんが、これは寒い冬を乗り切らなければならない人類にとって非適応的な形質であることは明らかです。こういった非適応的な形質の存在を理解するためには、遺伝子の突然変異、自然選択、適応という概念装置だけでは役不足なのです。

遺伝子はもちろん形質の発現にとって重要な情報ですが、生物の進化にとっては遺伝子そのものの変化よりも、発生のプロセスの「どの時点で」「どの場所で」「いかなる遺伝子を」働かせるかという、遺伝子の発現制御のほうが重要であることがわかってきました。遺伝子がかなり変化しても生物の種が変わらないのは発現制御プロセスが強く拘束されていて、簡単には変わらないからなのです。しかし、何かのきっかけでこの拘束が外れて遺伝子の発現制御プロセスが変化すると、遺伝子があまり変わらなくても大きな進化が起こります。

このあたりの研究はまだ発展途上ですが、遺伝子の発現制御には遺伝子以外のＤＮＡや外部環境も影響することがわかってきました。将来、発現制御機構が解明された暁には、新しい生物種を人工的につくり出すことも可能になるかもしれません。

二〇一六年一一月

池田清彦

本書は、集英社クォータリー『ｋｏｔｏｂａ』の連載「はじめての進化論」（二〇一六年冬号～二〇一六年夏号）を大幅に加筆・修正したものです。

編集協力　荒舩良孝
図版制作　タナカデザイン

進化論《しんかろん》の最前線《さいぜんせん》

インターナショナル新書〇〇二

二〇一七年一月一七日　第一刷発行
二〇一七年二月　六日　第二刷発行

著　者　池田清彦《いけだきよひこ》
発行者　椛島良介
発行所　株式会社 集英社インターナショナル
〒一〇一-〇〇六四 東京都千代田区猿楽町一-五-一八
電話 〇三-五二一一-二六三〇
発売所　株式会社 集英社
〒一〇一-八〇五〇 東京都千代田区一ツ橋 一-五-一〇
電話 〇三-三二三〇-六〇八〇(読者係)
〇三-三二三〇-六三九三(販売部)書店専用
装　幀　アルビレオ
印刷所　大日本印刷株式会社
製本所　加藤製本株式会社

ISBN978-4-7976-8002-7 C0245

池田清彦《いけだきよひこ》

生物学者、評論家。一九四七年、東京都生まれ。東京教育大学理学部卒業。東京都立大学大学院生物学専攻博士課程修了。山梨大学教育人間科学部教授を経て、早稲田大学国際教養学部教授。構造主義を生物学に当てはめた「構造主義生物学」を提唱。その視点を用いた科学論、社会評論なども行っている。『38億年 生物進化の旅』『「進化論」を書き換える』(共に新潮文庫)など著書多数。

インターナショナル新書

001
知の仕事術
池澤夏樹

多忙な作家が仕事のノウハウを初公開。自分の中に知的な見取り図を作るために必要な情報、知識、思想をいかに獲得し、日々更新していくか。反知性主義に対抗し、現代を知力で生きていくスキルを伝える。

003
大人のお作法
岩下尚史

芸者遊び、歌舞伎観劇、男の身だしなみ――大事なのは身銭を切ること。知識の披露はみっともない。『芸者論』(和辻哲郎文化賞)の作家が、「子ども顔」の男たちにまっとうな大人になる作法を伝授する。

004
生命科学の静かなる革命
福岡伸一

二五人のノーベル賞受賞者を輩出したロックフェラー大学。客員教授である著者が受賞者らと対談、生命科学の道のりを辿り、その本質に迫った。『生物と無生物のあいだ』執筆後の新発見についても綴る。

005
映画と本の意外な関係!
町山智浩

映画のシーンに登場する本や言葉は、作品を読み解くうえで重要な鍵を握っている。作中の本や台詞などを元ネタの文学や詩までに深く分け入って解説し、アメリカ社会の深層をもあぶり出す、全く新しい映画評論。